친절한
해산물
요리교실

왕초보도 쉽게 따라하는

친 절 한
해 산 물
요리 교실

가와카미 후미요 지음 | **박정애** 옮김

알에이치코리아

Contents

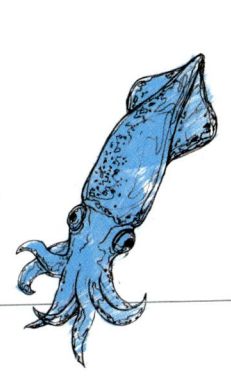

Contents

참고하세요 ——————————————————————

1   재료는 괄호 안의 분량을 기준으로, 재료 상태에 따라 조금씩 달라질 수 있다.

2   만들기에 쓰인 소요 시간을 기준으로 요리하되 재료나 기온 등 상황에 따라 완성도에 차이가 생길 수 있다.

3   기본적으로 해산물 손질 시간이 포함되어 있다.

4   문장 중의 *은 요리에 도움 되는 것, 미리 준비해야 하는 것을 제시하고 있다.

5   재료 중 맛국물은 다시마와 가다랑어포를 우려 만든 이치방다시*를 가리킨다.
    *이치방다시: 찬물에 다시마를 넣고 가열하여 끓기 시작하면 다시마를 건진 뒤 가다랑어포를 넣고 우려 체에 거른 국물.
    재료 분량 표기 중 '1컵=200ml, 1큰술=15ml, 1작은술=5ml'를 의미한다.

6   오븐과 전자레인지는 기종에 따라 성질이 다르므로 상황에 맞춰 온도와 시간을 조절하도록 한다.

7   해산물 비린내나 이물질을 제거하는 데 필요한 소금과 녹말가루, 해감하는 데 필요한 소금 등 손질에 사용하는 재료들은
    기본적으로 재료의 분량에 포함되지 않는다.

8   고이구치 간장, 도사 간장은 경우 진간장으로 대체할 수 있다.

9   혼합된장은 아와세 미소를 사용하면 된다.

Chapter 1

해산물 요리의 기본

Basic Lesson

들어가며

....

다양한 해산물 손질법과 조리법을 총망라했다

사면이 바다로 둘러싸인 일본에서 해산물은 예로부터 떼려야 뗄 수 없는 친밀한 식재료였기에 그와 관련된 조리법은 헤아릴 수 없을 만큼 다양하다. 이 책에서는 기본적인 해산물 요리를 소개하고 색다르게 먹을 수 있는 조리법까지 실어, 자칫 똑같아 질릴 수 있는 해산물을 다양한 맛으로 즐기도록 했다.

저장해두고 먹으면 별미인 절임, 가족이나 친구들과 함께 즐길 수 있는 철판 요리 등 실생활에서 응용할 수 있는 다양한 요리들로 구성했다. 또 의외로 잘 모르는 해산물 손질법이나 실패하지 않는 조리 요령, 조금만 신경 쓰면 음식이 훨씬 맛있어지는 비법도 담았다.

생선 기본 손질법에 관해서는 사진과 함께 자세한 설명을 붙여놓았으므로 손질하지 않은 생선을 통째로 구매하여 직접 손질하고 포뜨기에 도전해보자. 칼놀림의 미묘한 부분을 익혀 어려움 없이 생선을 손질할 수 있게 되면 요리의 달인에 한발 다가갈 수 있다. 생선 요리를 좋아하지 않는 사람도 스스로 조리할 수 있게 되면 더욱 맛있게 먹을 수 있을 것이다.

기본적인 생선 외에 여러 가지 조개류, 게와 문어 등 드물게 먹는 해산물의 각 부위 명칭, 손질 요령과 주의점, 제철, 고르는 법 등 해산물에 관한 지식을 총망라했다.

같은 조리법이라도 생선에 따라 맛이 달라지고 굽는 정도, 조리는 정도에 따라 맛이 바뀐다. 다양한 생선, 제철 해산물을 응용한 요리를 만들어보면서 조금씩 발전해가는 자신을 발견하기 바란다.

해산물 요리에 사용하는
여러 가지 칼

일본 칼의 특징

일본 칼의 특징은 한쪽 면에만 날이 있는 외날 칼이라는 점이다. 주로 강철을 사용하여 튼튼하게 만든다. 강철로만 만든 칼을 혼야키, 강철에 부드러운 철을 붙여 만든 칼을 가스미야키라고 부른다. 오래전부터 생선 요리를 먹어온 일본에서는 조리 방법에 맞춰 칼도 다양하게 발달하여 쓰임새에 따라 다른 종류의 칼을 사용한다. 생선 손질에 알맞은 데바칼(일명 '막칼'), 회를 뜨기에 적합한 회칼(일명 '사시미칼'), 장어나 갯장어처럼 특별한 생선 손질에 맞춰진 전용 칼이 있다.

포뜨기,
뼈를 자를 때

데바칼
데바칼은 생선을 포 뜰 때 사용한다. 칼턱이 두껍고 칼끝까지 날이 얇게 서 있다. 칼턱이 무거워 힘을 많이 주지 않아도 딱딱한 생선 뼈나 서덜을 자를 수 있다.

–가정용 데바칼
기본 생선인 전갱이, 꽁치, 고등어를 손질할 때는 칼날 길이가 15cm 정도 되는 칼이 가볍고 다루기 편하다.

–전문가용 데바칼
칼 다루는 데 익숙한 전문가는 칼날 길이가 18~30cm 정도인 크고 묵직한 칼을 사용한다.

1 아이데바
일반 데바칼보다 날이 좀 더 얇고 폭이 좁아 비교적 가볍다.

2 고데바
전갱이나 작은 생선을 포 뜰 때 쓰기 좋은 작은 데바칼.

3 히로시마데바
폭이 넓어 살이 두툼한 생선을 포 뜰 때 날이 깊게 들어가 자르기 편하다.

4 구로데바
자주 사용하는 날 부분만 연마한 칼. 표면이 검어 이물질이 눈에 잘 띄지 않는다.

(왼쪽부터)
전문가용 데바칼
칼날 길이 19.5cm
가정용 데바칼
칼날 길이 15cm

(왼쪽부터)
아이데바 칼날 길이 21cm
고데바 칼날 길이 15cm
히로시마데바
칼날 길이 21cm, 폭 6cm
구로데바 칼날 길이 21cm

단면을 깨끗하게 자를 때

회칼

회칼은 생선살을 깔끔하게 당겨 잘라야 하기 때문에
폭이 좁고 긴 것이 특징이다. 예로부터 칼끝이 사각 진
다코히키칼은 간토 지방에서, 끝이 날카로운 야나기칼은
간사이 지방에서 사용돼왔다. 가정에서는 긴 칼을 쓸 일이
거의 없으므로 칼날 길이가 20cm 정도이면 충분하다.

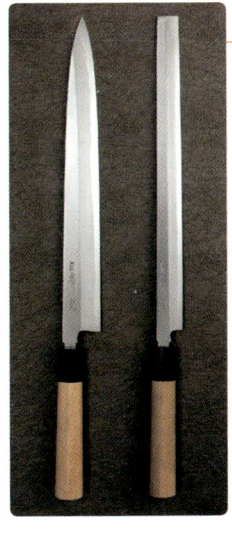

(왼쪽부터)
야나기칼 칼날 길이 24cm
다코히키칼 칼날 길이 24cm

긴 생선, 작은 생선,
특별한 생선을 손질할 때

전용 칼

전용 칼은 까다로운 손질을 편하게 할 수 있도록 생선의
특징에 맞춰 작은 부분까지 고려하여 제작되었다.
장어처럼 긴 생선용 칼, 뼈가 단단한 갯장어용 칼, 작은
미꾸라지용 칼 등이 있다.

1 장어 칼

오사카, 교토, 나고야에서는 장어의 배를 가르고 간토
지방에서는 등을 갈라 손질했다. 칼도 각 지방의 손질법에
맞춰 발달했기 때문에 모양이 제각각이다.

(장어 칼 왼쪽부터)
간토형
나고야형
교토형
오사카형

① **간토형** 등을 가른 뒤 살과 지느러미를 자르기 편하도록
크고 날카롭다.
② **나고야형** 배를 가를 때 살이 상하지 않도록 각이 지고
끝이 뭉툭하다.
③ **교토형** 도끼 모양으로 배를 가르는 데 사용한다.
칼등으로 장어송곳을 두드린다.
④ **오사카형** 나이프 같은 형태로 칼자루까지 지철地鐵로
되어 있다.

2 복어 칼 회칼보다 폭이 좁고 길다. 복어 살이 투명하게
비칠 정도로 얇게 뜰 때 사용한다.

3 갯장어 칼 딱딱한 갯장어 뼈를 자를 때 힘이 잘
들어가도록 묵직하다.

4 미꾸라지 칼 간토형 장어 칼의 축소판. 미꾸라지의 작은
배를 가르기 편하다.

(왼쪽부터)
복어 칼 칼날 길이 30cm
갯장어 칼 칼날 길이 30cm
미꾸라지 칼 칼날 길이 12cm

칼 잡는 법

생선 포 뜰 때 칼 잡는 방법을 조금만 달리하면 훨씬 효율적으로 작업할 수 있다.
익숙해질 때까지 도전해보자.

기본 잡기

칼자루를 잡는 기본적인 방법. 내장을 긁거나 생선살
에 칼집을 넣을 때 사용한다.

검지 얹어 잡기

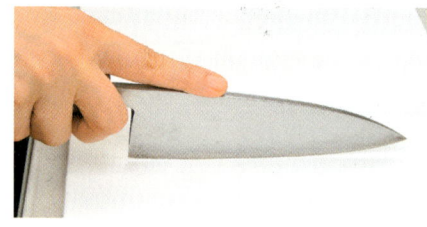

칼등에 검지를 얹고 나머지 손가락으로 칼자루를 잡는
다. 검지로 칼을 누르면 자를 때 힘을 조절할 수 있다.

칼턱으로 두드리기

잡는 방법은 기본 잡기와 같다. 손목을 움직여 칼날
이 두꺼운 칼턱으로 딱딱한 중간뼈나 서덜을 두드려
자른다.

몸 바깥쪽으로 칼날 잡기

칼날이 오른쪽으로 향하게 하고 칼턱 위에 검지를 올
린다. 생선 배를 가를 때나 살을 포 뜰 때 사용한다.

칼날 손질법

튼튼하고 견고하게 만들어진 칼도 생선의 딱딱한 비늘이나 뼈를 자르다 보면 이가 빠지거나 날이 무뎌진다. 일주일에
한 번 정도 날이 잘 안 든다고 느껴질 때 칼을 갈도록 한다. 칼날을 예리하게 유지하기 위해서는 숫돌로 바르게 갈아야
한다. 칼은 방치하면 녹이 슨다. 금속 전용 클렌저로 닦고 물기를 제거한 뒤 말려 보관한다. 녹이 슬면 아무리 좋은 칼도
제값을 하지 못한다. 손질을 거르지 않고 꾸준히, 꼼꼼하게 관리 하도록 한다.

〈칼 부위별 명칭〉 ※칼날이 있는 면이 앞, 없는 면이 뒤.

칼등
칼끝
칼날
칼턱
칼날 길이
칼자루

STEP 01 칼을 갈기 전 숫돌을 물에 담가둔다

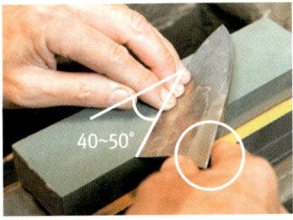

숫돌은 작은 거품이 없어질 때까지 5~6분
정도 물에 담가둔다. 칼을 가는 중간 중간 숫
돌이 마르지 않도록 물을 뿌린다.

올바르게 쥐는 법(오른 칼자루)
오른손 검지를 칼등에 지그시 올리고 칼자
루를 쥔다. 칼날이 자신을 향하게 하여 숫돌
에 올리고 왼손 검지, 중지, 약지로 칼날의
0.2~0.3cm 위를 가볍게 눌러 고정시킨다. 칼
을 눕혀서 숫돌 위에 사선(40~50° 정도)으로
올려놓는다.

잘못 쥔 경우
(왼쪽) 칼등에 오른손 검지를 대지 않으면 칼이 흔
들려 날이 균일하게 갈리지 않는다.
(오른쪽) 다칠 수 있으므로 오른손 엄지를 칼날에
올려놓지 않도록 한다. 단, 익숙해질 때까지는 칼
을 고정시키기 위해 칼날을 눌러도 된다.

STEP 02 숫돌에 날이 있는 면을 대고 간다

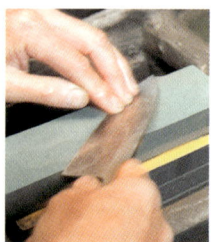   

칼끝, 칼날 중앙, 칼턱의 세 부분으로 나눠 간다(1, 2)
칼날은 칼끝, 칼날 중앙, 칼턱 순으로 간다. 흔들리지 않도록 고정한 뒤 바깥쪽에서 안쪽으로 일직선으로 당기고 밀기를 10회씩 반복한다.

1 칼끝 갈기
칼끝은 칼턱을 살짝 띄워서 간다. 얇으니 세게 갈지 않도록 한다.

2 칼턱 갈기
칼턱은 두께가 남아 있도록 간다. 초보자는 지나치게 가는 경향이 있으므로 주의한다.

칼을 크게 움직여 간다
갈 때는 숫돌 전체를 사용한다. 같은 곳에만 갈면 숫돌이 파여 칼날이 균일하게 갈리지 않는다.
*숫돌은 사용한 뒤 콘크리트에 갈아 평평하게 만든다.

STEP 03 가에리가 생기면 뒷면을 간다

가에리(칼똥, burr)란?
칼을 갈 때 생기는 미세한 강철 찌꺼기. 칼날에 얇은 고드름처럼 붙어 있다. 가에리가 생기면 칼이 잘 갈아졌다는 증거다.

앞면 10회, 뒷면 2~3회를 기준으로 간다
칼을 뒤집는다. 칼날에 가에리가 생기므로 앞면과 같은 방법으로 2~3회 연마하여 가에리를 제거한다.

데바칼은 '칼턱의 뒷면'을 갈 때 주의한다
숫돌과 수평이 되게 놓고 간다. 칼턱의 뒷면을 갈 때는 숫돌에 칼자루가 닿지 않도록 주의한다.

STEP 04 신문지로 표면의 녹을 제거한다

칼에 녹이 슨 경우 단단하게 뭉친 신문지에 물을 먹여 문지른다. 신문지의 섬유질이나 잉크 속 유분이 녹을 잘 떨어지게 하는 역할을 한다.

1 '잘 드는 칼'의 기준
골판지를 칼날로 살짝 그었을 때 쑥 빨려 들어가듯 칼집이 생기거나 손톱에 칼날을 살짝 대었을 때 걸리는 듯한 느낌이 들면 잘 갈린 것이다.

2 숫돌은 보통 두 종류를 사용한다
숫돌은 굵은 숫돌, 중간 숫돌, 마무리 숫돌의 세 종류가 있다. 그중 굵은 숫돌은 날이 심하게 상했을 때 사용하고, 보통은 중간 숫돌과 마무리 숫돌을 사용하면 된다.

3 서양 칼 가는 방법
서양 칼은 양면에 날이 서 있다. 일본 칼과 같은 방법으로 쥐고 칼등을 숫돌에서 조금 띄운다. 띄우는 각도는 10~15˚로 10원짜리 동전이 들어갈 정도면 된다. 양면을 10회씩 간다.

칼 고르는 요령

아무리 좋은 칼이라도 사용하는 사람과 맞지 않으면 제 기능을 발휘하지 못한다. 칼날 길이가 너무 길거나 짧으면 작업하기가 어렵고 무거우면 손에 무리가 온다. 칼은 손질만 잘하면 몇 년을 사용할 수 있으므로 신중하게 고르도록 한다.

칼 선택법

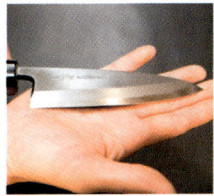   

칼날 길이는 손바닥 안에 들어올 정도가 적당하다
전갱이나 꽁치 같은 생선의 경우 칼날 길이가 손바닥보다 작은 데바칼로도 충분히 포를 뜰 수 있다.

직접 손으로 들어보고 쥐어본다
쥐기 편하고 조금 묵직한 느낌이 드는 것이 좋다. 칼을 쥐고 손목을 가볍게 흔들어 편한 느낌이 드는 것을 고른다.

칼날 무게에 따라 칼자루 두께가 달라진다
칼날 무게에 따라 칼자루 두께가 달라지므로 자신의 손에 맞는 것을 고른다.

칼날이 똑바른지 살핀다
회칼은 칼끝까지 일자로 뻗은 것을 고른다. 칼자루 쪽에서 칼끝을 바라봤을 때 휘지않아야 한다.

기타 칼에 관한 궁금증

자주 쓰지 않는 칼은 어떻게 보관하나?
칼날이 녹슬지 않도록 행주나 키친타월에 기름을 묻혀 잘 바른 뒤 신문지로 돌돌 말아 습기가 없는 곳에 보관한다.

TIP 구비해두면 편리한 칼
데바칼이 있으면 생선을 포 뜨기가 수월하다. 여기에 작은 회칼까지 있으면 금상첨화. 칼등의 두께가 얇아 생선살이 부서지지 않도록 깨끗하게 자를 수 있다.

해산물 손질 도구

신선함이 생명인 해산물은 선도가 떨어지기 전에 재빨리 손질해야 한다. 생선을 포 뜰 때 일반 부엌칼만 사용하면 손질이 복잡하고 까다로운 경우가 많은데 이때 소도구들의 도움을 받으면 작업 속도가 빨라진다. 조개류의 껍질을 까는 전용 도구도 구비해놓으면 수월하게 손질할 수 있다.

유용한 도구

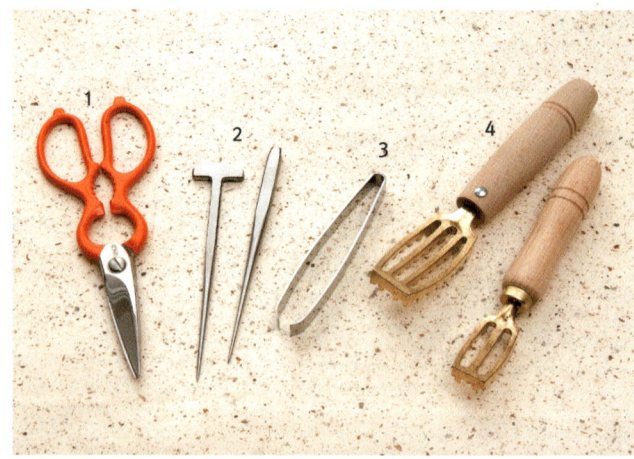

1 주방가위
생선 아가미와 지느러미를 자를 때, 새우의 다리나 껍질을 자를 때 등 칼로는 섬세한 작업에 사용한다.

2 장어송곳
장어나 붕장어를 손질할 때 눈 아래를 박아 고정하는 용도로 사용한다. 'T'자 모양은 칼등으로 두드려 박기 편하고 빼기도 쉽다.

3 조리용 핀셋
생선의 잔가시를 뺄 때 사용한다. 가늘고 작은 가시가 잘 잡히도록 끝을 사선으로 뾰족하게 만든 것도 있다.

4 비늘치기
생선의 딱딱한 비늘을 제거할 때 사용한다. 울퉁불퉁한 금속 부분에 비늘이 걸리면서 한꺼번에 넓은 부위를 제거할 수 있다.

(왼쪽부터)
키조개용, 가리비용
피조개용, 우럭조개용
대합용, 굴용.

5 조개칼
조개껍질을 벌리는 데 사용한다. 거의 모든 조개류에 사용할 수 있는 만능 조개칼도 있고 조개별 특징에 맞춰 제작한 전용 칼도 있다. 끝이 뭉툭하게 만든 것은 조개껍질을 벌릴 때 살이 상하지 않도록 하기 위해서다.

해산물 손질 도구를 대신할 수 있는 물건
해산물 손질 도구를 반드시 다 갖출 필요는 없다. 장어송곳 대신 송곳을, 조리용 핀셋 대신 족집게를, 조개칼 대신 팔레트 나이프를 사용해도 된다.

도마 선택 및 관리

도마는 일반 재료용과 해산물 손질용으로 구분해 사용해야 한다. 해산물 손질용의 경우 생선을 포 뜨면 내장과
피가 도마에 붙기 때문에 잡균이 잘 번식하지 않는 플라스틱 제품이 적합하고, 크기가 큰 도마가 작업하기 편하다.
생선이 도마보다 클 때는 2개를 붙여서 사용한다.

플라스틱 도마를 사용하면 비린내가 배지 않아 위생적이다.
항균 플라스틱 도마-가로세로 44×25cm

사용한 뒤에는 깨끗하게 씻는다

도마는 성질에 맞춰 씻지 않으면 찌꺼기가 남고 잡균이 번식할 수 있다.
올바르게 손질하여 항상 깨끗한 상태를 유지하도록 한다.

플라스틱 도마

나무 도마

세제를 묻힌 솔로 닦은 뒤 키친타월을 깔고
주방용 표백제를 뿌린다.

마르지 않도록 랩을 씌워 20분 정도 두었다
가 다시 세제로 씻고 헹궈 말린다.

세제를 묻힌 수세미로 문질러 씻고 물을 뿌
린 뒤 바람이 잘 통하는 곳에서 바싹 말린다.

생선 손질 전에 알아둘 것

기본적인 손질 순서를 익혀두면 거의 모든 생선에 적용할 수 있다. 처음에는 어렵더라도 여러 번 반복하다
보면 빠른 시간에 깨끗하게 손질할 수 있게 되므로 순서 하나하나에 정성을 들여가며 익히도록 하자.
생선 중에서도 고등어나 정어리는 선도가 금방 떨어지므로 바로 손질해야 한다. 냉장고에 보관할
경우에도 이틀을 넘기지 않는다.

입　눈　아가미뚜껑　아가미 아랫살　가슴지느러미　배지느러미　등지느러미　항문　비늘　뒷지느러미　꼬리지느러미

생선 손질 순서

1 비늘을 제거한다.
2 대가리를 자른다.
3 내장을 제거한다.
4 배 속을 씻는다.
5 살을 포 뜬다.
6 갈비뼈를 제거한다.
7 잔가시를 제거한다.

구매한 생선은 즉시 냉장고에 넣는다
생선은 사온 날 바로 조리하는 것이 가장 좋지만 그렇지 못할 때는
비늘, 아가미, 내장을 제거하고 염도 3%의 얼음물(분량 외)로 씻어
물기를 뺀 뒤 랩으로 싸서 냉장고에 보관한다.

비늘 제거법

생선 비늘은 대가리에서 꼬리 방향으로 붙어 있다. 비늘을 제거할 때는 이 방향과 반대로 꼬리에서
대가리 쪽으로 긁어가며 벗긴다. 비늘이 남아 있으면 식감이 좋지 않으므로 남김없이 떼어내도록 한다.

비늘 긁기

생선 비늘을 제거할 때 대부분 이 방법을 쓴다. 생선을 손질하는 동안 사방으로
비늘이 튈 수 있으므로 개수대 안에 넣고 작업한다.

칼을 살짝 눕혀 꼬리에서 대가리 쪽으로 움직인다. 아가미뚜껑에 왼쪽
손가락을 걸고 대가리를 잡으면 작업이 편하다.

등지느러미 주변에는 자잘한 비늘이 밀집되어 있다. 지느러미를 세우
고 칼끝과 칼턱으로 조금씩 긁어 물로 씻어가면서 떼어낸다.

가슴지느러미와 배지느러미 아래는 지느러미를 들고 칼끝으로 비늘
을 제거한다. 배의 비늘은 배가 찢어지지 않도록 살살 긁어 떼어낸다.

대가리를 요리에 사용할 경우 눈과 입 주변 비늘도 제거한다. 상처가
나지 않게 하나하나 벗기듯 떼어낸다.

 Tip

비늘치기를 사용한다
생선 비늘이 크고 거친 경우 칼날의 이가
나갈 수 있으므로 전용 비늘치기로 벗긴다.

비늘 도려내기

비늘을 도려내어 제거하는 방법. 형태가 납작한 생선, 살이 아주 부드러운 생선, 광어처럼 비늘이 매우 작은 생선, 가다랑어처럼 비늘이 딱딱하고 단단히 붙은 생선에 적합하다.

광어

꼬리 시작 부근에 칼끝으로 칼집을 넣는다. 비늘과 껍질 사이에 칼을 눕혀 넣고 대가리 쪽으로 밀며 비늘을 도려낸다.

살이 상하지 않도록 비늘을 도려내듯이 자른다. 뒷면의 흰 부분, 대가리와 지느러미 주변의 비늘은 비늘 긁기 방법을 쓴다.

가다랑어

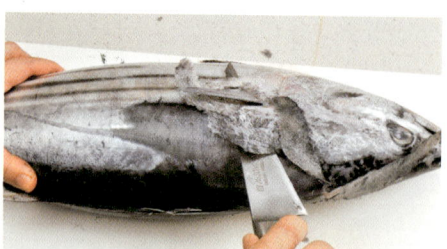

등과 대가리 사이 짙은 청색을 띠는 딱딱한 부분이 비늘이다. 살도 함께 잘리지 않도록 칼날을 살짝 띄워서 도려낸다.

내장 제거법

생선 내장은 비린내의 근원이므로 깨끗하게 제거한다.
단, 기호에 따라 꽁치나 전갱이 내장처럼 쌉쌀한 맛을 지닌 내장을 좋아한다면 버리지 말고 남겨둔다.

가슴지느러미를 들고 아가미 아랫살 옆으로 뼈에 닿을 때까지 사선으로 칼집을 넣는다.

생선을 뒤집어 같은 방법으로 아가미 아랫살 옆으로 칼집을 넣는다. 대가리와 내장이 붙은 상태로 두면 나중에 둘 다 제거하기 편하다.

항문에 칼끝을 넣고 내장이 다치지 않도록 대가리 쪽으로 움직여 배를 가른다.

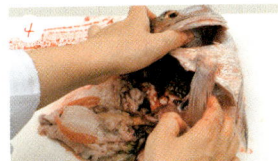

대가리와 내장을 함께 몸통에서 떼어낸다. 요리에 대가리를 사용할 경우에는 대가리에서 아가미와 내장을 분리한다.

배 속 가운데에 있는 얇은 막을 칼끝으로 찢고 안쪽의 혈합육을 긁어서 제거한다.

혈합육이란?
생선의 굵은 중간뼈를 따라 붙은 핏덩어리 또는 검붉은 살을 가리킨다. 깨끗하게 제거하지 않으면 피가 돌아 선도가 떨어지고 쌉쌀한 맛이 난다.

물을 담은 넓은 볼에 배 가른 생선을 담근 채 배 속을 손가락으로 살살 문질러 남아 있는 내장과 혈합육을 씻어 제거한다.

혈합육을 제거할 때 대나무 솔을 사용한다
궁중팬 세척용 대나무 솔이나 젓가락으로 생선 배 속을 살살 긁으면서 씻으면 뼈 사이사이에 있는 이물질까지 제거할 수 있다.

내장 빼기

생선 배를 가르지 않고 생선의 원형을 유지한 채 아가미뚜껑 밑으로 긴 젓가락을 넣어 내장을 빼내는 방법이다.
벤자리나 볼락처럼 작은 생선을 통째 조리할 때 사용한다.

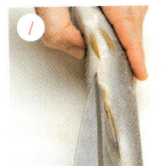

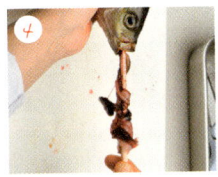

생선 항문으로 가윗날을 집어넣어 배 쪽으로 1cm 정도 자른다.

항문과 내장의 연결 부위를 가윗날로 떠서 자른다.

나무젓가락 한 짝을 입에서 아가미, 항문 앞까지 집어넣는다. 나머지 한 짝도 같은 방법으로 집어넣는다.

턱이 빠지지 않도록 잡고 젓가락을 돌리며 잡아당겨 아가미와 내장을 빼낸다.

포 뜨는 법

꽁치 3장뜨기

꽁치 내장은 소금구이를 할 때만 남겨두고 조리거나 양념구이를 할 때는 미리 제거한다. 꽁치를 회로 먹을
때는 한 칼에 배 쪽 살과 등 쪽 살을 포 뜨는데 (칼로 생선 중간뼈를 누르면서 단번에 포를 뜬다) 살이 얇기
때문에 칼의 각도에 유의해야 한다.

STEP 01   비늘을 벗기고 대가리와 배를 자른다

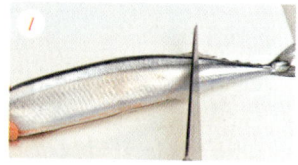 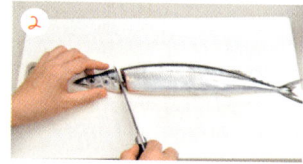 

칼끝이나 칼등으로 표면을 가볍게 긁어 점액
과 비늘을 제거한다.

가슴지느러미와 배지느러미의 시작 부분 옆
으로 칼집을 넣어 대가리를 자른다.

꼬리는 왼쪽, 배는 자기 앞으로 오게 놓는다.
생선 항문에 칼끝을 넣고 배 쪽으로 움직여 배
를 가른다.

STEP 02   내장을 제거하고 깨끗하게 씻는다

배 속의 내장과 혈합육을 칼끝으로 긁는다.

물을 담은 볼에 생선을 넣고 손가락 끝으로 문
질러 깨끗하게 씻는다.

표면의 물기를 닦은 뒤 배 속을 행주로 살살 눌
러가며 닦는다.

STEP 03   살을 뜨고 갈비뼈를 제거한다

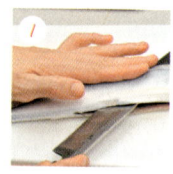 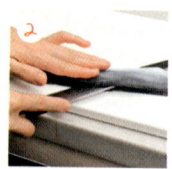 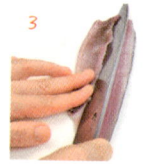  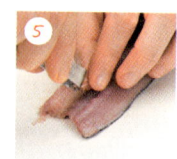

중간뼈 위로 칼을 넣고 대
가리에서 꼬리 쪽으로 움
직여 한쪽 면을 포 뜬다.

뒤집어서 같은 방법으로
나머지 한쪽 면도 포를
뜬다. 이때 등지느러미는
중간뼈와 붙어 있게 남겨
둔다.

갈비뼈와 잔가시 사이에
칼을 넣고 연결 부위를 잘
라 분리한 뒤 갈비뼈를 살
짝 위로 젖힌다.

젖힌 갈비뼈에 칼을 바싹
붙여 얇게 도려낸다. 나머
지 한쪽도 같은 방법으로
갈비뼈를 제거한다.

핀셋을 사용해 살 가운데에
있는 잔가시들을 오른쪽 방
향으로 당겨서 빼낸다.

전갱이 3장뜨기

등푸른 생선은 살 조직이 연해 같은 곳에 칼을 여러 번 대면 뭉개지므로 주의해야 한다.
'모비늘'이라 불리는 특이한 비늘은 말리거나 껍질을 벗길 때 이외에는 제거한다.

STEP 01 모비늘과 비늘을 벗긴다

모비늘은 칼을 눕혀 위아래로 움직여가며 도려낸다. 살이 많이 잘리지 않도록 주의한다.

대가리 근처 등에 붙은 비늘은 칼을 비스듬히 세우고 꼬리에서 대가리 쪽으로 긁어 제거한다.

모비늘scute이란?
전갱이과 생선의 옆면에 붙은 가시처럼 생긴 비늘로 꼬리부터 시작해 몸통의 ⅓ 근처까지 뻗어 있다. 대가리 근처의 비늘은 비늘 긁기 p.19 참조 방법으로 제거한다.

STEP 02 내장을 제거하고 깨끗하게 씻는다

가슴지느러미와 배지느러미 옆에 칼집을 넣는다. 반대쪽도 같은 방법으로 칼집을 넣는다.

항문에 칼집을 넣어 배를 가르고 몸통에서 대가리와 내장을 떼어낸다.

배 속 가운데의 얇은 막을 칼끝으로 찢고 혈합육을 긁어낸다.

물로 배 속을 깨끗하게 씻어 남아 있는 내장과 혈합육을 제거한다.

STEP 03 살을 포 뜨고 갈비뼈를 제거한다

꼬리를 왼쪽, 배를 자기 앞으로 놓고 배에서 꼬리까지 중간뼈 위로 칼집을 넣는다.

방향을 바꿔 등을 자기 앞으로 놓고 꼬리부터 대가리 쪽을 향해 중간뼈 위로 칼집을 넣는다. 꼬리 쪽 살과 굵은 중간뼈 사이에 칼집을 넣고 대가리 쪽으로 칼을 움직여 포를 뜬다.

뒤집어 남아 있는 살의 등지느러미 안쪽으로 대가리부터 꼬리까지 중간뼈 위로 칼집을 넣는다. 방향을 바꿔 배 쪽도 같은 방법으로 칼집을 넣는다.

꼬리 쪽 살과 중간뼈 사이에 칼집을 넣는다.

칼집 사이로 칼을 눕혀 넣고 꼬리에서 대가리 쪽으로 칼을 움직여 포를 뜬다.

갈비뼈와 잔가시 사이에 칼을 넣고 연결 부분을 자른 뒤 갈비뼈를 살짝 위로 젖힌다.

갈비뼈 있는 쪽을 왼쪽으로 가게 놓고 얇게 도려낸다. 나머지 살도 같은 방법으로 잘라 갈비뼈를 제거한다.

도미 3장뜨기

도미는 아가미가 날카로우므로 손질할 때 다치지 않도록 주의한다. 딱딱한 비늘은 마르면 벗기기 어려우니
물을 적시면서 떼어낸다. 기본은 전갱이 3장뜨기와 같다.

STEP 01   비늘을 벗긴다

대가리를 꽉 잡고 비늘치기로 비늘을 벗긴다.

대가리 주위 비늘은 상처가 나지 않도록 칼로 조심스럽게 긁어낸다.

배 쪽 비늘은 배가 찢어지지 않도록 1개씩 벗기듯 떼어낸다.

STEP 02   내장을 제거하고 깨끗하게 씻는다

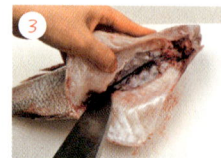

가슴지느러미를 들고 아가미 아랫살 옆으로 칼집을 넣는다. 반대쪽도 같은 방법으로 한다.

항문에서 대가리 방향으로 칼집을 넣어 배를 가른 뒤 몸통에서 대가리와 내장을 떼어낸다.

배 속 가운데의 얇은 막을 칼로 찢어 혈합육을 긁어낸다.

물을 담은 볼에 넣고 대나무 솔로 배 속을 씻은 뒤 물기를 닦는다.

STEP 03   살을 뜨고 갈비뼈를 제거한다

꼬리를 왼쪽, 배를 자기 앞으로 놓는다. 배에서 꼬리까지 중간뼈 위로 굵은 뼈에 닿을 때까지 칼집을 넣는다.

뱃살을 들고 가운데 굵은 뼈 너머로 칼날을 집어넣어 등 쪽 살도 포를 떠 중간뼈에서 살을 떼어낸다.

생선을 뒤집어 등지느러미 안쪽 중간뼈 위로 대가리에서 꼬리 쪽까지 칼집을 넣는다.

굵은 중간뼈를 타고 넘어 배 쪽 살까지 포를 뜬 뒤 중간뼈에서 살을 떼어낸다.

갈비뼈와 잔가시 사이에 칼을 넣어 연결 부분을 자른 뒤 갈비뼈를 살짝 위쪽으로 세운다.

갈비뼈를 왼쪽으로 놓고 뼈에 칼을 바싹 붙여 도려낸다. 나머지 살도 같은 방법으로 작업한다.

고등어 2장뜨기

3장뜨기 과정 중 살을 1장 떠낸 상태에서 작업을 끝내면 2장뜨기가 된다. 뼈를 남겨 조리거나 구우면 감칠맛이 우러나와 요리의 맛이 한층 더 깊어진다. 고등어는 비늘이 거의 없고 살이 연하므로 주의해서 다뤄야 한다.

STEP 01 비늘을 벗기고 대가리를 자른다

칼끝이나 칼등을 몸통에 직각으로 대고 꼬리에서 대가리 쪽으로 움직여 점액과 비늘을 제거한다.

가슴지느러미와 배지느러미 옆으로 중간뼈 깊이까지 사선으로 칼집을 넣는다.

뒤집어서 같은 방법으로 칼집을 넣는다.

STEP 02 내장을 제거하고 깨끗하게 씻는다

항문에 칼을 넣고 대가리 쪽으로 움직여 배를 가른다.

내장을 칼로 긁어 꺼내고 대가리와 함께 몸통에서 떼어낸다.

가운데 얇은 막을 칼끝으로 찢고 혈합육을 칼로 긁어 제거한다.

물이 담긴 볼에 넣고 배 속에 남아 있는 혈합육과 내장을 젓가락으로 긁어 말끔하게 제거한다.

STEP 03 물기를 닦고 포를 뜬다

물기를 빼고 배 속을 행주로 살살 닦는다.

꼬리를 왼쪽, 배를 자기 앞으로 오게 놓고 배에서 꼬리까지 중간뼈 위로 칼집을 넣는다.

방향을 바꿔 등이 자기 앞으로 오게 놓는다. 꼬리에서 대가리 쪽을 향해 중간뼈 위로 칼집을 넣는다.

굵은 중간뼈와 꼬리 쪽 살 사이에 칼집을 넣고 대가리 쪽으로 움직여 중간뼈에서 살을 떼어낸다.

정어리

정어리는 살이 연해서 손으로도 배를 가를 수 있다. 이때 손의 열기가 생선살에 전달될 수 있으므로 배를 가르기 전까지 정어리를 냉장고에 넣어두고 손을 얼음물로 씻은 뒤 재빨리 작업한다.

STEP 01 비늘과 내장을 제거한다

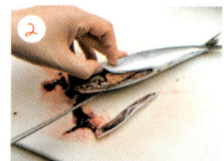

비늘은 칼로 문지르듯이 긁어 벗기고 대가리는 똑바로 자른다.

배에 잔가시가 많으므로 가르지 말고 0.5cm 폭으로 잘라 내장을 빼낸다.

살이 연하므로 물을 담은 볼에 넣은 채 조심스럽게 배 속을 씻는다.

행주로 물기를 살살 닦는다.

STEP 02 배를 가른다

배에 검지를 넣고 중간뼈를 더듬으면서 꼬리 쪽으로 움직여 배를 가른다.

검지를 깊숙이 넣어 꼬리 쪽 중간뼈 너머 등 쪽 살과 중간뼈 사이를 가른다.

손가락 끝에 힘을 조금 더 넣고 대가리 쪽으로 움직여 살을 벌린다.

살에서 잔가시를 떼어내면서 등지느러미 바로 앞까지 손으로 밀어 완전히 벌린다.

STEP 03 중간뼈를 제거한다

꼬리 근처의 뼈를 꺾어 손으로 잡고 천천히 들어 올린다.

살이 딸려가지 않도록 뼈 아래에 손가락을 넣어 떼어낸다.

중간뼈를 들어 올리고 잔가시들이 함께 뽑히도록 세워 살에서 떼어낸다.

껍질 벗기는 법

회로 내거나 생선살을 다져 요리할 때는 먹기 불편한 껍질을 벗긴다. 보통은 칼을 사용하여 꼬리에서 대가리 방향으로 벗기지만 정어리나 전갱이는 손으로 벗기기도 한다. 껍질을 벗기기 전에는 먼저 길쭉한 덩어리를 만든다. 생선을 3장뜨기하여 갈비뼈를 제거한 뒤 꼬리 쪽이 자기 앞으로 오게 놓고 세로로 반을 자른다.

도미 껍질 벗기기

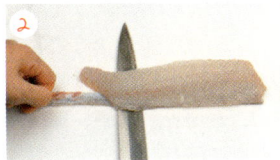

껍질을 아래로, 꼬리를 왼쪽으로 놓는다. 꼬리 끝에 칼집을 넣는다.

껍질을 위아래, 왼쪽으로 움직이며 잡아당기고 칼은 눕혀서 대가리 쪽으로 잘라나간다.

껍질이 찢어지지 않도록 칼의 각도에 주의하며 살에서 벗긴다.

손으로 벗기기

껍질을 위로 놓고 대가리 쪽 껍질을 집어 뒤로 젖힌다.

살을 눌러가며 껍질을 꼬리 쪽으로 천천히 잡아당긴다.

은색의 얇은 막이 희미하게 남아 있으면 잘 벗겨진 것이다.

칼로 벗기기

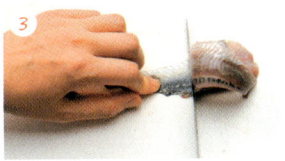

껍질을 아래로 놓고 꼬리 쪽 껍질과 살 사이에 칼집을 넣어 살을 세운다.

칼등을 껍질과 직각이 되게 놓고 칼을 대가리 쪽으로 움직여 살을 민다.

껍질을 꾹 눌러가며 끝까지 살을 밀어 껍질을 벗긴다.

정어리 껍질 벗기기

정어리나 전갱이는 살이 연해서 손으로도 껍질을 벗길 수 있다.

TIP 살에 껍질이 남아 있을 경우
식감이 나빠지므로 남아 있는 껍질 부분만 얇게 도려낸다.

칼집 넣는 방법

생선으로 조림, 구이, 찜을 할 때 생선살에 칼집을 넣으면 모양이 돋보일 뿐만 아니라
맛도 좋아지므로 칼집 넣는 올바른 방법을 익혀두도록 한다.

통생선에 칼집을 넣는 경우

그릇에 담을 때 보이는 면의 살이 가장 두꺼운 부분에 칼을 대고 중간뼈에 닿을 때까지 칼집을 넣는다.
보기에도 좋고 뼈에서 감칠맛이 배어나와 맛이 한층 깊어진다.

볼락 → 조림
살이 가장 두꺼운 부분에 칼을 대고 중간뼈에
닿을 때까지 'X'자 모양 칼집을 넣는다.

꼬치고기 → 구이
모양이 긴 생선은 칼집을 여러 개 넣는다. 'X'자
모양으로 2~3개 또는 격자 모양으로 넣는다.

가자미 → 찜
가자미는 몸통 폭이 넓으므로 사선 또는 'X'자
모양으로 칼집을 크게 넣으면 칼집 모양이 예
쁘게 요리된다.

그릇에 담았을 때 안 보이는 쪽에 먼저 칼집을 넣는다
그릇에 담을 때 아래로 가는 쪽 배 부분에 칼집을 넣어
내장을 꺼낸다.

토막 생선에 칼집을 넣는 경우

껍질에 살짝 칼집을 넣는다. 보기에도 좋고 익을 때 생선이 휘는 것도 막아주며 양념이 속까지
잘 배게 하는 역할을 한다.

삼치 → 구이
껍질이 위로 가게 놓는다. 두툼한 부분에 칼집을 넣으면 고루 잘 익는다.

고등어 → 조림
껍질 쪽으로 살이 가장 두꺼운 부분에 칼집을 넣으면 양념이 속까지
잘 배어든다.

칼집을 넣어 만든 요리

칼집을 넣어 찌거나 조리면 속까지 고루 익는다. 또 휘거나 찢어지는 것을 막아주므로
모양이 훨씬 예쁜 요리를 만들 수 있다.

조림·찜
담을 때 보이는 쪽 몸통 중앙에 칼집을 넣는다. 칼집을 넣고 구우면 열
기가 속까지 빨리 전달되고 껍질이 부풀어 오르는 것을 막을 수 있다.

구이
칼집 사이로 살이 보여 먹음직스럽다.

새우 손질법

새우는 반드시 내장을 제거한다. 새우 등을 따라 길게 뻗어 있는 새우 내장은 먹었을 때 모래를 씹는 것처럼
까슬까슬한 식감이 나서 요리의 맛을 떨어뜨리므로 도중에 끊어지지 않도록 조심조심 잡아당겨 빼낸다.
요리에 따라 껍질을 벗기거나 등을 가르고 다리를 자르는 등 다양한 손질법이 있는데 여기에서는 대표적인
세 가지 방법을 알아본다.

내장을 제거하고 대가리와 몸통을 사용하는 경우

적용: 튀김옷 없이 그냥 튀기거나 철판에 구울 때

대가리를 등 쪽으로 젖혀 천천히 잡아당긴다.

대가리를 당기면 내장이 딸려 나오므로 도중에 끊어지지 않도록 조심
조심 잡아당겨 빼낸다.

몸통 껍질은 한 마디씩 천천히 벗긴다. 살은 튀김이나 샤부샤부에 사
용한다.

대가리 껍질은 껍질 사이에 손가락 끝을 넣어 벗긴다.

내장을 제거하고 몸통의 껍질을 벗기는 경우

적용: 칠리새우, 빵가루 묻혀 튀길 때

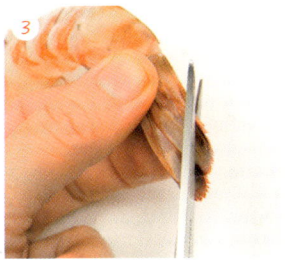

등껍질 두세 번째 마디에 0.4cm 깊이로 꼬챙이를 찔러 넣어 내장을 걸고 천천히 위로 잡아당겨 빼낸다.

몸통 껍질을 다리 부분부터 바깥쪽으로 젖히듯이 넘겨 벗긴다. 껍질은 국물 낼 때 사용하면 좋다.

꼬리의 날카로운 부분을 잘라 여분의 물기를 빼낸다.

내장을 제거하고 등을 가르는 경우(가시발새우)

적용: 껍질째 수프에 넣거나 그릴에 구울 때

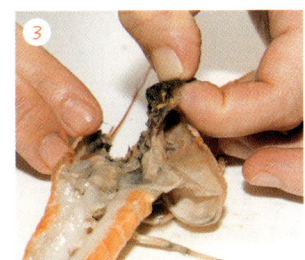

몸통을 꼭 누르고 대가리의 정중앙에 있는 십자 부분에 세로로 칼집을 넣는다.

대가리와 꼬리 방향을 바꿔놓고 등껍질 위에서부터 세로로 칼집을 넣어 등을 가른다.

손으로 대가리와 등 쪽의 내장을 떼어낸다.

닭새우 손질법

살아 있는 닭새우의 껍질을 벗길 때는 다리나 더듬이에 다치지 않도록 주의한다.
벗겨낸 대가리와 몸통 껍질은 요리 장식으로 사용해도 된다.

STEP 01 표면을 씻고 대가리와 몸통을 분리한다

개수대 안에 닭새우를 놓고 지그시 눌러가며 껍질과 다리를 솔로 꼼꼼히 닦아 씻는다.

살아 있는 닭새우는 거칠게 날뛰므로 행주로 대가리를 꽉 누른 채 대가리와 몸통 사이에 칼을 넣어 막을 자른다.

옆으로 눕혀 ②와 같은 방법으로 대가리와 몸통 사이에 칼을 넣고 돌려 막을 자른다.

STEP 02 대가리와 몸통을 분리한다

양손으로 대가리와 몸통을 단단히 쥐고 행주를 짜듯 반대 방향으로 비튼다.

비틀면서 각 방향으로 잡아당겨 대가리와 몸통을 분리한다.

대가리와 몸통을 분리한 상태. 대가리는 장식에 사용하거나 반으로 잘라 된장국에 넣는다. 몸통은 껍질을 벗겨 회로 먹을 수 있다.

STEP 03 껍질을 벗겨 살을 빼낸다

배가 위로 가게 놓고 지느러미 옆 각 마디에 칼집을 넣는다.

칼집을 다 넣었으면 배 쪽의 투명한 껍질을 젖혀 벗긴다.

살과 껍질 사이에 엄지손가락을 넣고 살이 남지 않도록 손가락 끝을 움직여 빼낸다.

꼬리와 내장이 연결되어 있으므로 내장이 끊어지지 않도록 조심스럽게 잡아당겨 빼낸다.

오징어 손질법

오징어의 기본 손질법은 몸통, 흔히 귀라 부르는 지느러미, 내장, 다리의 네 부분으로 나누는 것이다.
내장은 버리지 말고 소금으로 문질러 냄새를 제거한 뒤 젓갈을 담그거나 구워 먹는다.

STEP 01　몸통에서 다리와 연골을 떼어낸다

몸통 안으로 손가락을 넣어 내장과 살의 연결 부분을 끊는다. 연골과 몸통의 연결 부분도 끊는다.

한 손으로 지느러미를 누르고 다른 손으로 다리 위쪽을 잡은 뒤 내장이 터지지 않도록 천천히 잡아당긴다.

몸통 안쪽에 붙은 얇고 가는 연골을 잡아당겨 빼낸다.

몸통에서 내장과 다리를 떼어낸 상태. 몸통 안을 깨끗하게 씻어 남아 있는 막과 내장을 제거한다.

STEP 02　몸통과 지느러미를 분리하고 껍질을 벗긴다

몸통과 지느러미가 붙은 사이에 손가락을 넣고 잡아당겨 끝부분을 떼어낸다.

몸통이 찢어져 구멍이 나지 않도록 천천히 지느러미를 몸통 쪽으로 잡아당긴다.

몸통 표면의 껍질을 행주로 잡고 당겨 벗긴다.

지느러미는 끝 쪽 연골을 잘라낸 뒤 끝에서 1cm 들어간 곳에 칼집을 넣고 잡아당겨 껍질을 벗긴다.

STEP 03　내장과 다리를 분리하고 빨판을 떼어낸다

   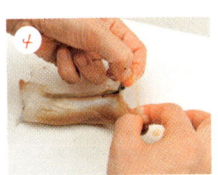

몸통에서 꺼낸 내장과 다리는 눈 아래를 칼로 잘라 분리한다. 다리 위쪽에 있는 입은 손으로 꺼낸다.

긴 다리 2개는 빨판이 많이 붙어 있으므로 잘라서 다른 다리와 길이를 맞추거나 칼등으로 긁어 빨판을 제거한다.

나머지 다리를 쭉 펴서 도마에 올려놓고 칼등으로 긁어 빨판을 제거한다.

내장에 붙은 먹물 주머니는 찢어지지 않도록 손으로 잡고 천천히 당겨 떼어낸다.

갑오징어 손질법

갑오징어는 몸속에 딱딱한 뼈가 들어 있으므로 몸통을 갈라 뼈를 꺼낸다.
몸통 양옆에 붙은 지느러미는 작아서 찢어지기 쉬우므로 주의하면서 떼어낸다.

STEP 01 몸통을 갈라 뼈를 꺼낸다

오징어를 똑바로 놓고 몸통 중심에 세로로 칼
집을 넣는다.

칼집 넣은 곳을 좌우로 벌린다.

뼈를 꺼낸다. 아래에 내장이 있으므로 터지지
않도록 조심한다.

STEP 02 몸통과 지느러미를 분리한 뒤 껍질을 벗긴다

다리 윗부분을 쥐고 잡아당겨 몸통에서 내장
을 꺼낸다.

몸통 양쪽에 붙은 지느러미를 잡아당겨 떼어
낸다.

몸통과 지느러미의 껍질을 손으로 잡고 잡아
당겨 벗긴다.

몸통 아랫자락의 딱딱한 돌기를 칼로 잘라 제
거한다.

지느러미 가장자리는 질기고 색감이 좋지 않
으므로 자른다.

STEP 03 내장과 다리를 분리한 뒤 다리의 빨판을 떼어낸다

내장과 다리는 눈 아래에서 잘라
분리한다. 다리 안쪽에 있는 입
도 자른다.

다리 윗부분을 누르고 칼등으로
빨판을 긁어 떼어낸다.

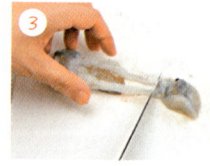

내장 주변의 흰 덩어리를 손으로
떼어낸다. 눈은 터지지 않도록 주
의하여 자른다.

먹물 주머니는 터지지 않도록 손
으로 잡고 천천히 당겨 떼어낸다.

문어 손질법

문어는 무 간 것으로 몸통 표면의 점액을 여러 번 문질러 제거한다.
무는 껍질째 갈아 사용하고 무가 없을 때는 소금으로 대신한다.

STEP 01 대가리를 뒤집어 내장을 꺼낸다

대가리 속에 손가락을 넣어 내장과 살이 붙은 부분(3~4군데)을 끊는다.

대가리를 뒤집어 내장이 보이게 한다.

내장을 손으로 잡아당겨 떼어낸다. 잘 안 떨어지면 칼로 자른다.

STEP 02 눈과 입을 제거한다

눈은 터지지 않도록 조금 위쪽을 칼로 잘라 떼어낸다. 같은 방법으로 나머지 한쪽도 떼어낸다.

다리를 뒤집으면 안쪽 중앙에 입이 보인다.

입 옆으로 칼집을 작게 넣고 검지를 넣어 떠내듯 잡아당겨 떼어낸다.

STEP 03 몸통을 무 간 것으로 문질러 점액을 제거한다

넓은 그릇에 문어와 무 간 것을 넣고 다리를 1개씩 세게 훑어가며 씻는다.

무 간 것이 시커멓게 될 때까지 박박 문질러 씻는다.

물에 헹궈 무 간 것을 씻는다. 무 간 것으로 문질러 씻고 물에 헹구기를 3~4회 반복하여 점액을 깨끗하게 제거한다.

빨판이 붙어 있던 자리는 특히 이물질이 많으므로 뽀얗게 될 때까지 손가락 끝으로 문질러 씻는다.

문어 데치는 법

문어는 살짝 데쳐서 비린내를 제거한다.
문어를 데치기 전에 두드려 섬유조직을 끊으면 살이 연해진다.
다리 끝부터 데치면 또르르 말려 모양이 깔끔해진다.

STEP 01 다리를 잘라 대가리와 분리한다

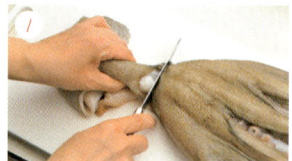

깨끗하게 손질한 문어를 준비한다. 문어가 클 경우에는 다리 위쪽을 잘라 대가리와 분리한다.

다리 윗부분에 칼집을 넣어 일렬로 펴놓는다.

다리 사이의 물갈퀴를 잘라 2개씩 떼어놓는다.

STEP 02 다리를 두드려 연하게 만든다

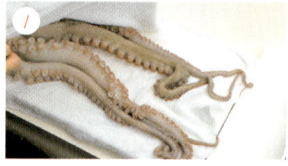

행주를 깐 도마에 문어 다리를 쭉 펴놓는다.

문어 다리에 행주를 덮은 뒤 밀대로 두드린다.

껍질이 찢어지지 않을 정도의 세기로 문어 다리 끝에서 위쪽까지 두드리면 조직이 끊겨 부드러워진다.

STEP 03 데친다

80℃의 뜨거운 물에 문어 다리 끝을 넣고 5초 정도 두었다가 나머지를 다 넣고 데친다.

색이 변하고 다리 끝이 돌돌 말리면 찬물에 넣는다.

물속에서 다리 껍질이 찢어지지 않도록 살살 주물러 씻어 잡내를 제거한 뒤 행주로 물기를 닦는다.

조개류 손질법

조개류는 껍질 표면과 내장 속에 이물질이 많으므로
깨끗하게 씻는다. 이때 유의할 것은 바지락과 재첩의 해감
방법이 다른 것처럼 조개 종류에 따라서도 손질법이 다르니
각각에 알맞은 손질법을 사용하도록 한다.

조개류 해감에 알맞은 장소는?
진동을 느끼면 입을 닫아버리므로 조용하고
어두운 장소가 좋다. 바지락이 담긴 그릇에
신문지를 덮어 빛을 차단하는 것도 한 방법이다.

바지락

바닷가에 사는 바지락은 소금물에 담가 모래를 토해내게 한다. 물은 조개가 잠길 정도로 부어 숨을 쉴 수 있도록 한다.

바닷물과 같은 염도 3%의 소금(분량 외, 물 100g당 소금 3g)이 담긴 넓은 그릇에 바지락이 서로 겹치지 않도록 담는다.

서늘하고 어두운 곳에 2시간 정도 두어 해감한다. 모래가 나오지 않을 때까지 소금물을 여러 번 갈아준다.

물로 헹구고 물기를 뺀 뒤 소금을 듬뿍 뿌리고 껍질끼리 비벼 이물질을 제거한다.

재첩

강가에 사는 재첩은 담수에 담가 해감한다.

껍질이 물 위로 조금 나올 정도로 물을 부어 서늘하고 어두운 곳에 2시간 정도 둔다. 이물질이 나오지 않을 때까지 도중에 여러 번 물을 갈아준다.

물기를 빼고 껍질에 붙은 이물질을 제거하기 위해 소금을 듬뿍 뿌린다.

재첩 껍질끼리 비벼 표면의 이물질을 제거한 뒤 물로 씻는다.

홍합

홍합 표면의 이끼나 이물질을 철 수세미로 문질러 떼어낸다.

껍질끼리 연결된 부분이 보이게 잡고 껍질 틈으로 수염처럼 나와 있는 족사를 포크로 감아 손가락으로 누른다.

입이 벌어지는 쪽으로 포크를 잡아당겨 떼어낸다.

족사란?
바다에 서식하는 홍합은
바위 표면에 달라붙기 위해
껍질 사이로 수염처럼
생긴 족사를 내보낸다.
내장과 이어져 있는 족사를
잡아당겨 빼내면 홍합이
죽어버리므로 요리에
사용하기 직전에 제거한다.

가리비

껍질에서 살을 떼어낸 뒤 조개관자와 조개를 둘러싸고 있는 외투막을 분리한다. 이때 조개관자 모양이 상하지 않도록 주의한다. 껍질째 구울 때는 껍질 사이로 물을 흘려보내면서 표면을 깨끗하게 씻는다.

STEP 01 껍질을 제거한다

껍질끼리 연결된 부분을 뒤쪽으로, 볼록한 부분을 아래로 가게 하여 손에 든다.

껍질 사이로 팔레트 나이프를 넣고 위 껍질 쪽 조개관자의 하얗고 딱딱한 부분, 즉 외투막을 떼어낸다.

위 껍질과 조개관자 사이에 팔레트 나이프(또는 식탁용 칼)를 찔러 넣고 입을 완전히 벌려 위 껍질을 떼어낸다.

아래 껍질을 기울여 살이 아래로 흘러내리게 한다. 아래 껍질과 조개관자 사이에 칼을 넣어 조개관자를 떼어낸다.

STEP 02 조개관자와 내장을 분리한다

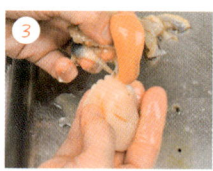

조개관자 주변의 외투막을 손가락으로 잡아당겨 떼어낸다. 이때 조개관자가 찢어지거나 상처 나지 않도록 주의한다.

조개관자에서 외투막을 떼어낸 상태.

조개관자 주변에 붙은 내장을 살살 잡아당겨 떼어낸다.

내장의 오렌지색 부분(생식소)을 잘라 제거한다. 내장은 익혀서 먹을 수 있다.

STEP 03 조개관자와 외투막을 깨끗하게 씻는다

조개관자는 염도 1%의 소금물(분량 외)에 넣고 모양이 망가지지 않도록 손가락으로 살살 문질러 씻는다.

외투막은 소금을 듬뿍 넣고 손으로 주물러 점액과 비린내를 제거한다.

외투막의 소금과 이물질을 씻는다. 여러 번 반복하여 소금으로 씻은 뒤 물기를 닦는다. 외투막은 튀기거나 국물 내는 데 사용하면 좋다.

대합

대합은 해감한 뒤 살을 떼어낸다. 껍질 안에 고여 있는 국물은 감칠맛이 풍부하여 요리에 넣으면 맛있는 조개 국물이 된다.

대합은 염도 3%의 소금물(분량 외)에 2시간 정도 담가 해감한 다. 모래가 나오지 않을 때까지 여러 번 소금물을 갈아준다.

껍질끼리 연결된 부분을 뒤쪽으로 가게 한 뒤 껍질 사이로 식탁용 칼을 넣고 위로 밀어 입을 벌린다.

껍질 안의 국물은 그릇에 담는다. 살이 상하지 않도록 껍질과 조개관자 사이에 칼을 넣는다.

조개관자가 껍질에 남아 있지 않도록 살살 긁어 살을 떼어낸다.

소라

싱싱한 소라는 껍질 속으로 금방 숨어버리기 때문에 살이 밖으로 나왔을 때 재빨리 쇠꼬챙이를 끼워 작업해야 한다. 살을 꺼내는 도중에 내장이 끊어지지 않도록 주의한다.

소라는 살에 붙은 뚜껑이 밑으로 가게 해서 조용한 장소에 두어 살이 나올 때까지 기다린다.

살이 껍질 밖으로 나오면 재빨리 쇠꼬챙이를 끼운다. 금방 쑥 들어가버리므로 깊고 단단하게 끼운다.

뚜껑과 살이 붙은 부분을 칼로 잘라 떼어낸다.

껍질 안에 손가락을 넣고 안쪽을 훑어 살을 꺼낸다.

껍질 끝 쪽에 들어 있는 내장까지 꺼낸다. 국물은 이물질이 많고 쓴맛이 나므로 버린다.

돌돌 말려 있는 내장을 살에서 떼어낸다.

살에 남아 있는 거무스름한 내장, 붉은색 입, 외투막은 손으로 잡아당겨 떼어낸다. *살을 치마처럼 둘러싸고 있는 **외투막**은 쓴맛이 난다.

굴

굴은 조개관자의 위치를 알면 간단하게 벌릴 수 있다. 껍질이 날카로워 손을 다칠 수 있으므로 목장갑을
끼고 작업하도록 한다. 속살의 이물질은 무 간 것이나 밀가루로 씻어 제거한다.

STEP 01　껍질을 솔로 씻고 입을 벌린다

| 흐르는 물에서 굴 표면에 붙은 이끼와 이물질을 솔로 문질러 씻고 물기를 닦는다. | 껍질 사이에 칼을 넣고 위아래로 움직여가며 조금씩 벌린다. | 위 껍질과 조개관자 사이에 칼을 넣어 떼어낸 뒤 입을 벌린다. |

STEP 02　껍질에서 살을 꺼내어 깨끗하게 씻는다

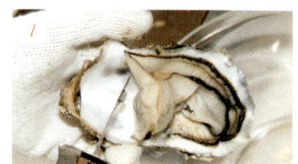  

| 평평한 위 껍질을 떼어내고 아래 껍질과 조개관자 사이에 칼을 넣는다. | 껍질을 아래로 기울여 살이 쏟아지게 한 뒤 칼로 가볍게 훑어 그릇으로 옮긴다. | 물이 담긴 볼에 넣고 살살 흔들어가며 씻어 주름 사이의 이물질을 깨끗하게 제거한다. |

TIP
굴 씻는 방법
굴은 무 간 것이나 밀가루로 씻는다.
무 간 것은 굴의 주름 사이에 끼어 있는 자잘한 이물질을 제거하는 데 효과적이다.

| 무는 껍질째 많은 양을 갈아둔다. 그중 ⅓ 분량을 굴과 합친다. | 무 간 것이 시커멓게 될 때까지 손으로 떠올리듯 살살 주물러가며 씻는다. | 굴을 물속에서 하나씩 흔들어가며 겉에 묻은 무 간 것을 씻는다. 무 간 것으로 씻고 물로 헹구기를 2~3회 반복한다. |

전복

전복은 살아 있는 것을 사용하고 살이 오므라들지 않도록 소금이 아닌 설탕으로 씻는다.
껍질은 깨끗하게 씻어 그릇으로 활용해도 된다.

STEP 01 표면을 깨끗하게 닦는다

껍질을 아래쪽으로 가게 놓고 살에 설탕을 뿌려 솔로 문지른다.
***소금 대신 설탕으로 씻으면 살을 부드럽게 유지하면서 이물질과 점액을
제거할 수 있다.**

표면에 붙은 거뭇거뭇한 이물질과 점액이 완전히 제거되면 물로 헹군다.

STEP 02 껍질과 살을 분리한다

얇은 껍질과 살 사이로 나무 주걱을 밀어 넣는다.

나무 주걱을 껍질을 따라 깊게 밀어 넣은 뒤 살을 떠서 살짝 들어 올린다.

살이 찢어지지 않도록 조심하면서 나무 주걱을 지그재그로 움직여 껍질에서 조개관자를 떼어낸다.

살과 껍질 끝에 붙은 내장을 함께 손으로 쥐고 잡아당겨 껍질에서 떼어낸다.

STEP 03 살과 내장을 분리한다

조개관자 주위의 외투막은 조개관자를 중심으로 칼집을 넣어 자른다.

살에 붙은 내장을 떼어낸다. 내장은 먹을 수 있으므로 물로 씻어 이물질을 제거한다.

몸통 끝의 검은 주둥이 부분에 V자로 칼집을 넣는다.

③에서 낸 칼집의 살을 조금 잡아당겨 붉은 이빨을 꺼내어 제거한다.

Chapter 2

해산물 요리 실전

제철 해산물

영양이 풍부하고 맛있으며 계절감도 느낄 수 있다

제철이란 그 재료가 가장 맛있는 시기를 가리킨다. 해산물 역시 제철에는 영양이 풍부하고
어느 때보다 맛이 좋으므로 자주 구매해 맛있는 요리를 만들어보자. 제철 해산물을 사용하면
식탁에서 계절감도 느낄 수 있다. 방어나 고등어는 산란기를 대비하여 몸에 지방을 축적하는데
이때가 가장 맛있다. 방어는 겨울, 고등어는 가을이 제철로 산란기를 지나면 물기가 많아져
맛이 떨어진다. 살보다 알을 더 알아주는 열빙어나 대구는 알에 영양이 들어차는 산란기가
제철이다. 생선은 계절에 따라 서식 장소를 바꾸는 회유어가 많은데 대표적인 것이
가을철의 꽁치와 봄철의 청어다.

봄

대합, 볼락, 바지락, 도미, 남방젓
새우 뱅어, 학꽁치(일명 '공미리')
쥐노래미, 쏨뱅이, 삼치

여름

꼬치고기, 전갱이, 전복, 갯가재
소라 , 부시리, 날치, 가다랑어
벤자리, 농어

가을

양태, 무지개송어, 숭어, 감성돔
쥐치, 전어, 열빙어, 고등어, 꽁치,
연어

겨울

대구, 임연수어, 방어, 금눈돔 가자
미, 아귀, 빙어, 실꼬리돔, 게

대합   볼락

꼬치고기   전갱이

꽁치   연어

실꼬리돔   게

해산물 인기 메뉴 [1]

모둠회

해산물의 신선함을 그대로 즐기는 회.

모둠회

2인분
소요 시간 120~150분
※담는 방법은 p.199 참조.

재료 참치(횟감)…1토막(250g), 도미…1마리(500g), 성게…1마리(80g), 피조개…2마리(200g)
골뱅이…2마리(200g), 와사비간장…적당량, 유자후추*…적당량 *유자후추: 유자 껍질, 고추, 소금 섞은 것을 갈아 숙성시킨 조미료.

곁들이 당근·무·회오리 모양 당근·회오리 모양 무·영귤·오이·단풍잎·
차조기꽃대·청차조기·산초잎…적당량씩

Tip **싱싱한 해산물 고르는 법**
횟감용 참치는 색이 검지 않은 것, 도미는 눈이 투명하며
아가미가 선홍빛인 것, 피조개는 크고 묵직한 것이 좋다. 성게는
가시가 튼실한 것, 골뱅이는 껍질이 깨지지 않은 것을 고른다.

참치

1 참치는 사용하기 직전까지 냉장고에 넣어 차가운 상태로 둔다. 껍질이 붙어 있으면 도려낸다.
*온도가 미지근하면 기름이 녹아 자르기 어렵다.

2 참치 살이 움직이지 않도록 살짝 누른 채 1cm 폭으로 자른다.
*칼날 길이가 길고 폭이 좁은 회칼을 사용하여 살과 직각이 되게 썬다.

3 참치 살의 두께가 얇은 쪽을 자기 앞으로 놓는다.
칼끝을 위로 치켜들고 칼턱으로 참치 살에 칼집을 넣는다.

4 칼턱에서 칼끝으로 크게 포물선을 그리듯 단번에 끌어 자른다.
*단번에 자르면 단면이 울퉁불퉁하지 않고 깔끔하다.

5 칼로 밀어 잘린 살을 그대로 오른쪽으로 옮긴다. 참치 살의 각이 서 있는 상태가 좋다.
차가운 그릇에 담는다.

²도미

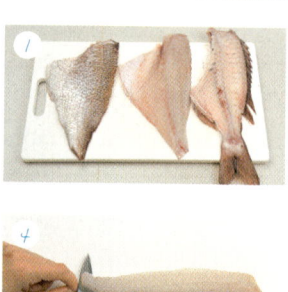

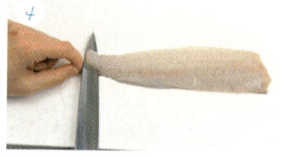

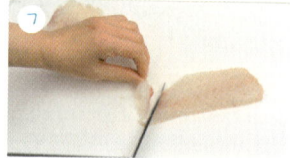

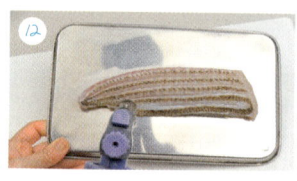

1. 도미는 3장뜨기한 뒤 p.24 참조 중간뼈를 제외한 위아래 살 2조각만 사용한다.

2. 살 중앙에 칼집을 넣어 길쭉한 덩어리가 되도록 2등분한다. 중앙에는 대가리부터 몸통 중간까지 잔가시가 많이 있으므로 살과 함께 도려낸다. 2조각 중 1조각은 껍질을 벗기고 1조각은 그대로 둔다.

3. 잔가시를 제거한 살 조각. *꼬리 쪽은 잔가시가 없으므로 자르지 않아도 된다.

4. 껍질을 벗긴 뒤 p.27 참조 꼬리 쪽 살과 껍질 사이에 칼집을 넣는다.
*벗겨낸 껍질은 끓는 물에 데칠 것이므로 버리지 않는다.

5. 껍질을 위아래로 움직여가며 왼쪽으로 당기고 칼은 눕혀 위아래로 움직이면서 살과 껍질 사이를 잘라 나간다.

6. 껍질 있는 쪽을 아래로, 두께가 얇은 쪽을 자기 앞으로 놓고 칼날이 왼쪽으로 향하게 눕힌 뒤 사선으로 크게 움직이며 0.2~0.3cm 폭으로 얇게 자른다.

7 칼턱에서 칼끝까지 칼날 전체를 사용하되 살의 바깥쪽에서 안쪽으로 잡아당겨 단번에 자른다.
   살은 왼쪽에서 오른쪽으로 잘라나간다.

8 균일한 두께로 깔끔하게 잘린 단면에 윤기가 돌면 살이 잘 떠진 것이다. 살을 칼로 들어 올려 차가운
   그릇에 담는다.

9 끓는 물에 ⑤의 껍질을 넣어 데친다. *끓는 물에 데치면 비린내가 남지 않고 기름기도 빠진다.

10 껍질에 남아 있는 살이 하얗게 오그라들면 끓는 물에서 건져 얼음물에 넣는다. 완전히 식으면 물기를
   닦고 사방 0.5cm 크기로 잘라 차가운 그릇에 담는다.

11 ②에서 껍질 있는 살 조각의 껍질 부분이 위로 가게 놓고 얕은 칼집을 세로로 4개 넣는다. 볼에
   얼음물을 준비한다.

12 껍질을 가스 토치에 그슬린다. 칼집 사이가 하얗게 벌어지고 살이 오그라들 때까지 가열한다.
   *가스 토치가 없으면 껍질을 불에 쬐어 살짝 굽는다.

13 바로 얼음물에 넣고 식혀 잔열을 완전히 빼서 살을 단단하게 만든다.

14 오른쪽 끝에서부터 1cm 폭으로 자른다. 그슬린 껍질이 빗겨나갈 수 있으므로 먼저 껍질에만 칼집을
   넣은 뒤 살까지 단번에 자른다.

15 자른 살은 그대로 오른쪽으로 모은 뒤 칼로 들어 차가운 그릇에 담는다. 껍질은 구워 고소하고 살은
   날것인 차가운 상태가 가장 맛있다.

³ 성게

1 입을 위로 가게 하여 성게 가시에 손이 찔리지 않도록 행주로 잡는다. 칼끝으로 입 주변에 칼집을 넣어
   입을 떼어낸다.

2 입을 떼어낸 주변을 숟가락이 들어갈 수 있도록 주방가위로 자른다.

3 성게 껍질 안에 숟가락을 넣어 알을 떠낸다.
   *알 모양이 망가지지 않도록 껍질 안쪽으로 바싹 붙여 떠낸다.

4 성게 내장은 먹을 수 없으므로 떼어 버린다.

5 알은 염도 1%의 소금물(분량 외)에 씻어 내장과 이물질을 제거하고 물기를 닦은 뒤
   모양이 망가지지 않도록 젓가락으로 집어 차가운 그릇에 담는다.

피조개

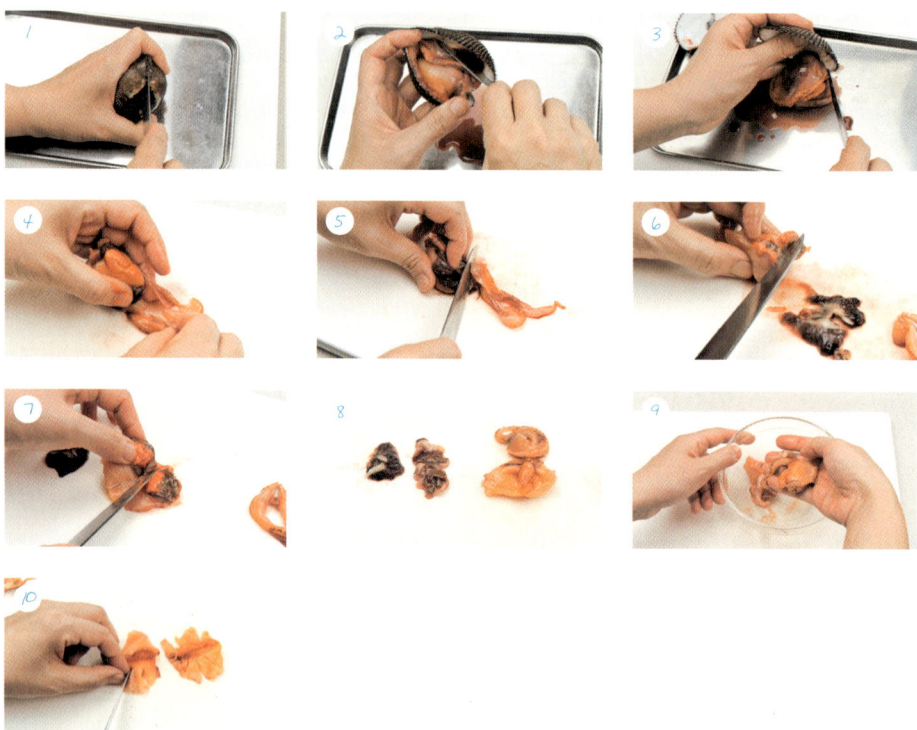

1. 피조개를 꽉 잡고 껍질끼리 연결된 부분에 식탁용 칼로 칼집을 넣은 뒤 양손으로 비틀어 위아래 껍질이 어긋나게 만든다.

2. 껍질 틈으로 칼을 넣고 조갯살에 상처가 나지 않도록 움직여 위 껍질에 붙은 조개관자를 떼어낸다.
   *피조개는 조개관자가 두 군데 있다.

3. 조개관자를 떼어내 입이 벌어지면 위 껍질을 손으로 비틀어 아래 껍질에서 떼어낸다. 아래 껍질도 같은 방법으로 살이 상하지 않게 칼을 넣어 조개관자를 떼어낸다.

4. 살과 외투막의 연결 부분을 칼로 끊은 뒤 살을 손으로 누르고 외투막을 잡아당긴다.

5. 살에서 외투막이 떨어지면 외투막 끝에 붙은 입을 자른다. 외투막은 먹을 수 있으므로 버리지 말고 남겨둔다.

6. 살 주변에 붙은 진홍색 내장은 칼로 긁어서 떼어낸다.

7. 두툼한 살을 반으로 잘라 벌리고 속의 내장은 칼로 긁어낸다.

8. 내장, 외투막, 살로 분리한 모습. 회는 살과 외투막을 사용한다. 내장은 먹을 수 없으므로 버린다.

9. 살과 외투막에 소금을 조금 뿌리고 재빨리 주물러 점액을 제거한 뒤 얼음물에 씻어서 행주로 물기를 닦는다.

10. 펼친 살 양끝에 칼집을 여러 개 넣어 나비 모양으로 자른다. 살과 외투막은 차가운 그릇에 담는다.

골뱅이

1. 목장갑을 끼고 골뱅이 살이 보이게 잡는다. 껍질 양끝에 막대기를 대고 입구 아래쪽에 있는 나선형 무늬를 따라 선을 그었을 때 십자로 만나는 곳을 확인한다.

2. ①의 십자로 만나는 곳에 드라이버를 대고 여러 번 돌려 구멍을 뚫는다.
*조리용 송곳이나 얼음송곳을 사용해도 된다.

3. 살이 올라오면 송곳처럼 날카로운 것으로 찌른 뒤 돌려서 빼낸다.

4. 끝까지 잘 안 나오면 구멍으로 송곳을 넣고 살을 밀어 빼낸다.
*여러 번 찌르면 살이 찢어지므로 너무 많이 찌르지 않도록 한다.

5. 골뱅이 살을 꺼낸다. 살과 함께 껍질 안쪽에 있는 내장도 딸려 나온다.

6. 끝의 흰 덩어리는 먹을 수 있으므로 내장과 분리한다. 살에서 검은 내장과 뚜껑을 자른다.

7. 살을 반으로 가르면 안에 식중독을 일으키는 알갱이 모양의 침샘(독주머니)이 있으므로 제거한다. p.161 참조

8. 침샘이 남아 있지 않도록 깨끗하게 씻고 한입 크기로 썰어놓는다.

9. 살과 흰 덩어리에 소금을 묻히고 살살 주물러 점액을 제거한다.

10. 물로 헹궈 소금과 이물질을 씻은 뒤 행주로 물기를 닦고 차가운 그릇에 담는다.

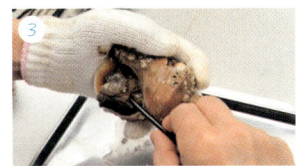

PLUS MENU

닭새우회

 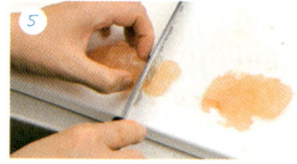 

LET'S TRY

1. 닭새우의 대가리와 몸통 사이에 칼집을 넣고 한 바퀴 돌린다. 양손으로 대가리와 몸통을 잡고 좌우로 비틀면서 각 방향으로 당겨 분리한다.

2. 배를 위로 가게 하여 도마에 올린다. 배에 있는 얇은 껍질을 벗길 수 있도록 대가리부터 꼬리까지 배 양옆 부분을 주방가위로 자른다.

3. 배 쪽의 얇은 껍질을 잡아당겨 벗긴다. 껍질에 살이 붙어 있으면 손으로 떼어내면서 벗긴다.

4. 등껍질과 살 사이에 손가락을 넣고 훑어 살을 꺼낸다.
   *손가락으로 껍질 안을 훑어 살을 뗀 뒤 꺼낸다. 껍질은 버리지 말고 그릇으로 사용한다.

5. 살을 1cm 폭으로 자른다. *신선한 닭새우는 힘줄을 자를 때마다 살이 움직여 칼에 진동이 전해진다.

6. 볼에 얼음물을 담아 닭새우 살을 씻는다. *얼음물로 씻으면 쓴맛이 제거되고 살이 탱탱해진다.

7. 대가리 껍질과 다리 사이에 칼을 넣어 안쪽의 얇은 막을 자른 뒤 껍질을 누르고 다리를 잡아당겨 떼어낸다.

8. 대가리 안에 있는 내장은 숟가락으로 떠낸다. *내장은 술, 간장, 설탕을 넣고 조리면 맛있는 요리가 된다.

9. 대가리 껍질에 붙은 얇은 주머니 모양의 막은 먹을 수 없으므로 잡아당겨 떼어낸다.

10. 대가리 껍질, 꼬리래기, 소국으로 그릇을 장식한다. 그다음 ④의 닭새우 껍질을 올리고 그 안에 무채와 청차조기를 깐 뒤 살을 담는다.

회를 돋보이게 하는 조연, 곁들이

색감을 불어넣어 요리를 한층 화려하게 연출해주는 곁들이를 만들어보자.

라임 모양내어 자르기

01 동그란 형태로 얇게 잘라 씨를 빼낸다.

02 중심까지 칼집을 넣고 비틀어 모양을 잡는다.

회오리 모양 무(당근) 만들기

01 얇게 돌려깎기한 무(당근)를 끈 모양으로 잘라 젓가락에 감는다.

02 무(당근)를 물에 담근 채 꾹 눌러 모양이 잡히면 젓가락에서 빼낸다.

래디시 모양내어 자르기

01 줄기가 아래로 향하게 잡고 붉은색 뿌리에 꽃잎 모양으로 칼집을 5군데 넣는다.

02 칼끝으로 칼집 바깥쪽을 얇게 돌려깎기해 껍질을 벗긴다.

03 꽃잎과 꽃잎 사이에 칼집을 넣고 바깥쪽을 얇게 깎기를 2~3회 반복한다.

04 물에 담근다. 이렇게 하면 꽃이 활짝 핀 모양이 된다.

1 청차조기
상쾌한 향이 등푸른 생선의 비린내를 제거해준다.

2 청차조기꽃대
청차조기의 꽃으로 선명한 보라색이다.

3 양하
독특한 향이 나고 씹는 맛이 아삭하다.

4 라임
상쾌한 향이 난다.

5 소국
노란색이 전체를 화려하게 꾸며준다.

6 무채
흰색이 회를 돋보이게 한다.

7 단풍잎
붉게 물든 가을 단풍잎은 계절감을 느끼게 한다.

8 갯방풍
향이 강하고 조금 쓴맛이 난다.

9 래디시
색깔과 모양이 귀엽다.

10 회오리 모양 무
꼬아썰기한 회오리 모양의 무가 음식에 생동감을 준다.

11 회오리 모양 당근
주황색이 전체를 화려하게 꾸며준다.

12 산초나무순
두드려서 향을 돋운 뒤 요리에 곁들인다.

13 홍심무
선명한 붉은색이 화려함을 더한다.

재료나 계절에 맞춰 곁들이에 변화를 주자!

곁들이에는 겐, 쓰마, 가라미의 세 종류가 있는데 회의 풍미와 색채를 풍부하게 하는 역할을 한다. 겐(생선회 등에 쓰이는 향채)은 무, 오이 등의 채소를 가늘게 채 친 것으로 아삭한 식감을 주고 소화를 돕는 역할을 한다. 쓰마는 청차조기나 청차조기꽃대 등의 채소나 다시마와 같은 해초류를 말하며, 풍미를 더하고 입안에 남아 있는 회 맛을 깔끔하게 정리하는 역할을 하므로 참치처럼 기름기가 있는 회와 함께 먹으면 좋다.
가라미는 매운 향신채를 이르며 비린내를 잡아주는 동시에 혀를 자극하는 매콤함으로 입맛을 북돋는다. 일반적으로 고추냉이가 사용되지만, 등푸른 생선에는 생강, 흰살 생선에는 우메보시를 곁들이는 등 재료인 생선에 따라 달라진다. 기왕이면 계절에 어울리는 곁들이로 요리에 포인트를 주자. 봄에는 고사리, 여름에는 오이나 양하, 가을에는 붉게 물든 단풍잎을 함께 놓으면 회와 함께 계절을 즐길 수 있다.

해산물 인기 메뉴 2

해산물지라스시

해산물지라스시는 밥에 다양한 해산물을 올린
일본식 회덮밥이다.

해산물지라즈시

2인분
소요 시간 120분
※표고버섯 불리는 시간 불포함.

재료 게다리(찐 것)…3개(150g), 블랙타이거(대가리 뗀 것)…4마리(80g), 가리비…1마리(200g), 간즈리*…½작은술

*간즈리: 소금에 절인 고추를 눈을 맞게 하여 누룩, 유자 등과 함께 발효, 숙성시킨 조미료.

말린 표고버섯…2개, A[맛국물…¾컵(150ml), 고이구치 간장*…½큰술, 설탕…⅔큰술, 소금…½작은술]

*일본 간장: 일본 간장의 종류로 고이구치 간장, 우스구치 간장, 다마리 간장 등이 있다. 이 중 고이구치 간장과 우스구치 간장은 콩과 밀로 누룩을 만들어 소금물에 넣고 숙성시킨 뒤 걸러 살균한 것이고 다마리 간장은 콩으로 만든 메주를 소금물에 담가 맑은 국물을 걸러낸 것이다. 고이구치 간장은 색이 진하고 향이 강한 간장으로 양조간장과 비슷하고 우스구치 간장은 색이 연하고 짠맛이 강해 재료 본연의 색과 맛을 살릴 수 있다.

도미다시마절임* 도미(횟감)…1토막(100g), 다시마(5×10cm)…1장, 물…1l
*다시마절임: 식초를 가미한 다시마로 생선회를 감싸서 냉장고에 하룻밤 정도 둔 것.

소라간장조림 소라…1마리(300g), B[술…1작은술, 고이구치 간장…1작은술]

오징어노른자구이 오징어(몸통)…80g, 성게(알 2덩어리)…1마리(80g), 달걀노른자…1개 분량, 술…1작은술, 소금…1꼬집

초밥 쌀…320g, 다시마(사방 5cm)…1장, 식초…40ml, 설탕…20g, 소금…6g

곁들이 성게·날치알·데친 오크라·생강초절임·연근초절임·산초나무순·김채·흰깨…적당량씩

싱싱한 해산물 고르는 법
게다리는 살이 꽉 차서 묵직한 것, 도미 토막은 투명한
느낌이 나는 것, 성게는 가시에 힘이 있는 것을 고른다.

53

1. 말린 표고버섯은 반나절 정도 물에 담가 불린다. 밑동을 떼어 냄비에 A와 함께 넣고 약한 불로 15분 정도 조린다. 국물이 배어들면 꺼내 얇게 잘라놓는다.

2. 다시마절임에 쓸 다시마는 1시간 정도 물에 불린다. 다시마 불린 물은 밥 지을 때와 ⑪의 가리비에 사용한다.
   *초밥 비빔 통은 미리 씻어 축축하게 해놓는다.

3. 쌀을 씻어 30분 정도 둔다. 냄비에 쌀, 쌀보다 조금 적은 물, ②의 다시마 불린 물을 조금 넣고 뚜껑을 닫아 불에 올려 끓인다. 밥물이 끓어오르면 약한 불로 줄여 10분 정도 끓이다가 5분 정도 뜸을 들인다.

4. 볼에 식초, 설탕, 소금을 넣고 거품기로 섞어 단촛물을 만든다. 다시마를 물에 담가 2배 이상 불어나면 꺼낸다.

5. ③의 밥을 냄비째 비빔 통에 엎어 옮긴다. ④의 단촛물을 전부 뿌리고 한 김을 뺀 뒤 단촛물이 고루 배도록 주걱으로 자르듯이 섞는다.

6. 밥을 펴놓고 위아래를 뒤집어가며 부채질해서 피부 온도 정도로 식힌다.

7. 밥이 마르지 않도록 행주로 비빔 통을 완전히 덮고 그 위에 랩을 씌워 실온에 둔다.

8. 도미에 소금 1꼬집을 뿌리고 잠시 두었다 씻는다. ②의 불린 다시마 사이에 도미를 넣어 랩으로 싼 뒤 냉장고에 1시간 정도 두어 도미다시마절임을 만든다.

9. 가리비를 손질한다.p.38참조 가리비 위아래 껍집을 팔레트 나이프로 벌린 뒤 껍질에서 조개관자를 떼어낸다.

10. 내장을 제거하고 조개관자와 외투막을 떼어놓는다. 외투막은 소금(분량 외)으로 주물러 물로 씻고 조개관자는 소금물(분량 외)로 씻은 뒤 물기를 닦는다.

11. 조개관자의 하얗고 딱딱한 부분을 제거한 뒤 칼을 오른쪽으로 눕혀 깎아내듯이 썬다. 외투막은 먹기 좋은 크기로 자른다. ②의 다시마 불린 물 1작은술과 간즈리를 섞는다.

12. 게다리는 관절을 꺾어 연골을 잡아 빼낸다. 살과 껍질 사이에 주방가위로 진집을 넣고 자른 뒤 껍질을 벗겨 살을 꺼낸다.

13　소라는 껍질에서 살을 꺼낸다.p.39 참조 살에 꼬챙이를 꽂고 뚜껑을 제거한 뒤 손가락으로 살을 꺼낸다.

14　내장, 입, 외투막은 먹을 수 없으므로 잘라내고 살은 먹기 좋은 크기로 자른다.

15　냄비에 물 150ml(분량 외)를 끓이다가 ⑭의 소라와 B를 넣고 약한 불로 줄여 10분 정도 끓인 뒤 불을 끄고 그대로 식혀
　　소라간장조림을 만든다.

16　새우는 꼬챙이로 등 쪽 내장을 빼내고 끓는 물에 껍질째 넣어 익힌다. 색이 빨갛게 되면 건진 뒤 식혀서 껍질을 벗긴다.

17　성게는 껍질을 벌리고p.47 참조 숟가락으로 알 5덩어리를 떠낸다.
　　*시판 성게알 덩어리를 사용해도 된다.

18　성게알 2덩어리를 체에 올리고 스크레이퍼로 눌러가며 곱게 거른 뒤 달걀노른자, 술, 소금과 섞는다.

19　오징어는 구울 때 오그라들지 않도록 꼬챙이 4개를 부채꼴로 꽂은 뒤 양면에 소금(분량 외)을 뿌린다.

20　⑱의 성게알을 솔에 묻혀 오징어의 한 면에 고루 바른 뒤 목장갑을 낀 손으로 꼬챙이를 쥐고 중간 불에 올려 굽는다.
　　*꼬챙이가 움직여 불안정하면 뒤쪽에 가로로 꽂아 고정시킨다.

21　양면을 뒤집어가며 굽는다. 달걀노른자가 익으면 한 번 더 발라 굽기를 여러 차례 반복한다.
　　*달걀노른자는 쉽게 타므로 불 조절에 주의한다.

22　황금색으로 구워지면 꼬챙이를 빼고 4~5cm 길이, 2cm 폭으로 썰어 오징어노른자구이를 완성한다.
　　*꼬챙이에 그을음이 붙어 있으면 오징어를 빼기 불편하므로 그을음을 닦아낸 뒤 돌려가며 빼낸다.

23　칼날이 왼쪽으로 향하게 눕혀 ⑧의 도미다시마절임에 대고 0.2~0.3cm 폭으로 잡아당기면서 단번에 자른다.

24　⑦에 김채, 날치알, 흰깨를 흩뿌리고 조리한 해산물, ①의 표고버섯, 곁들이를 함께 담는다.

여러 가지 지라시즈시

초밥은 물론 일반 쌀밥과도 잘 어울려 맛있는 한 끼 식사를 즐길 수 있다.

봉장어찜

재료
봉장어(3장뜨기한 것)…1마리 분량, 맛국물…100ml, 술…100ml
간장…15ml, 미림…15ml, 설탕…2큰술

만드는 법
1 봉장어는 껍질이 위로 가게 도마에 올려놓고 뜨거운 물을 뿌린다.
2 물기를 닦고 칼등으로 긁어 점액을 제거한다.
3 얼음물에 봉장어를 씻어서 반으로 자른다.
4 큰 냄비에 맛국물, 술, 간장, 미림, 설탕 1큰술을 넣고 끓인다.
5 국물이 끓어오르면 냄비에 봉장어를 넣고
조림 뚜껑*을 덮어 약한 불에서 20~30분 정도 끓인다.
*조림 뚜껑: 냄비나 용기 안에 쏙 들어가도록 만든 작은 뚜껑을 말한다.
6 봉장어가 익으면 불을 끄고 냄비째 식힌다.
7 식은 봉장어를 다시 반으로 잘라 그릇에 담는다. 냄비에 남아 있는 국물은 설탕 1큰술을 넣고 걸쭉해질 때까지 졸인다.
8 봉장어에 ⑦의 국물을 끼얹는다.

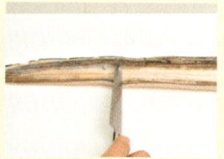

01 봉장어는 껍질이 위로 가게 도마에 올려놓고 손으로 꼬리 쪽을 누른 채 80℃의 뜨거운 물을 전체에 고루 붓는다.

02 살이 뭉개지지 않게 칼등으로 긁어 점액을 제거한다.

덴부*

재료
흰살 생선(도미 등)…100g
다시마(사방 3cm)…1장
홍차조기 후리카케…1작은술
술…3큰술
설탕…2큰술
소금…적당량
*덴부: 생선살을 찐 뒤 잘게 빻어 조린 것.

만드는 법
1 냄비에 물(분량 외), 다시마, 소금 조금, 토막 낸 흰살 생선을 넣고 5분 정도 삶는다.
2 생선을 소쿠리에 건져 잔열을 식힌 뒤 잘게 으깬다.
3 프라이팬에 ②의 생선, 술, 설탕, 소금 조금을 넣고 중간 불로 가열하여 물기가 없어질 때까지 졸인 뒤 홍차조기 후리카케를 넣고 섞는다.

잔멸치
산초조림

재료
잔멸치…100g
산초(또는 산초 열매)…2큰술
청차조기잎…5장
술…100ml
간장…2큰술
설탕…2큰술

만드는 법
1 잔멸치는 살짝 데쳐 비린내를 제거한다.
2 냄비에 잔멸치, 술, 간장, 설탕을 넣고 불에 올려 국물이 반으로 줄 때까지 졸인다.
3 산초, 채 썬 청차조기잎을 넣고 국물이 없어질 때까지 졸인다.

남방젓
새우조림

재료
남방젓새우…100g
술…2큰술
검은깨…1작은술
소금…조금

만드는 법
1 프라이팬에 남방젓새우와 술을 넣고 물기가 없어질 때까지 졸인다.
2 남방젓새우가 보슬보슬해지면 검은깨를 넣어 고루 섞는다.
3 소금으로 간을 맞춘다.

특별한 날 식탁을 빛내는 요리, 지라시즈시

지라시즈시는 크게 노세즈시와 마제즈시 두 종류로 나뉜다. 노세즈시는 우리가 흔히 먹는 쥔 초밥(니기리즈시)의 재료를 초밥 위에 얹은 것이다. 초밥집에서 해산물덮밥이라며 내놓는 것이 이 노세즈시다. 마제즈시는 해산물과 채소를 잘게 잘라 초밥과 섞어 먹는 것이다. 일반적으로 노세즈시는 간토식, 마제즈시는 간사이식 지라시즈시로 여긴다.
원래 노세즈시를 지라시즈시, 마제즈시를 고모쿠즈시라 불렀는데 어느 때부터인가 둘 다 지라시즈시라고 부르게 되었다.
향토 요리에도 여러 가지 지라시즈시가 있다. 간장과 술을 넣은 양념에 재운 회, 청차조기잎, 산초잎, 초밥을 반죽하듯이 한데 섞은 미에 현의 데코네즈시, 채소와 해산물을 듬뿍 사용한 후쿠야마 현의 마쓰리즈시 등이 유명하다.

해산물 인기 메뉴 [3]

모둠튀김

모둠튀김

2인분
소요 시간 80분

재료 보리새우(산 것)…4마리(120g), 보리멸…2마리(160g), 오징어…1마리(250g)
가키아게* 작은 조개관자…80g, 남방젓새우…1큰술, 파드득나물…적당량, 대파…15g, 박력분…1작은술
*가키아게: 잘게 썬 채소, 조개관자, 새우, 오징어 등을 밀가루 반죽에 버무려 튀긴 요리.

떡조개튀김 떡조개…2마리(130g), 무…50g, 맛국물…300ml, 술…2큰술, 고이구치 간장…1큰술
설탕…1큰술, 샐러드유…적당량

튀김옷 달걀…1개, 박력분…1컵(100g), 냉수…150ml

소스 니키리미림*…2큰술, 고이구치 간장…35ml, 맛국물…120ml, 가다랑어포…2g
*니키리미림: 끓여서 알코올을 제거한 미림, p.117 니키리자케 참조

곁들이 레몬 껍질·소금·무 간 것·다진 생강…적당량씩

Tip
싱싱한 해산물 고르는 법
보리새우는 살아 있는 것, 보리멸은
투명한 느낌이 나는 것, 떡조개는
상처가 없는 것을 고른다.

1. 떡조개 살에 설탕(분량 외)을 고루 바르고 솔로 문질러 씻는다.
  *설탕을 발라 문지르면 소금을 사용할 때보다 살이 부드러워진다.

2. 냄비에 떡조개, 은행잎썰기한 무, 맛국물, 술을 넣고 센 불로 가열한다.
  *튀김옷 재료와 사용할 볼을 냉장고에 넣어 차게 식힌다.

3. 국물이 끓어오르면 거품을 제거하고 불을 약하게 줄인 뒤 떡조개가 말랑말랑하게 익을 때까지 20분 정도 끓인다.
  *무와 함께 끓이면 비린내가 사라지고 살이 부드러워진다.

4 불을 끄고 떡조개와 무를 건진다. 떡조개가 식으면 나무 주걱으로 껍질과 살을 분리하고 한쪽 끝에 있는 이빨을 제거한다.

5 국물이 들어 있는 냄비에 떡조개 살, 간장, 설탕을 넣고 뚜껑을 덮어 국물이 ⅓로 줄어들 때까지 약한 불로 끓인 뒤 불을 끄고 간을 맞춘다.

6 보리멸은 비늘을 제거하고 대가리를 떼어낸 뒤 배를 갈라 내장과 혈합육을 제거한다. 배 속을 찬물로 깨끗하게 씻어내고 물기를 닦는다.

7 등지느러미를 따라 중간뼈 위로 칼집을 넣어 잘린 살을 들어 올리고 가운데 굵은 뼈 너머 배 쪽 껍질 앞까지 칼집을 넣는다.

8 꼬리 부분에 살이 붙은 상태로 뒤집어서 중간뼈와 살 사이에 칼을 넣고 꼬리 쪽으로 움직여 살을 자른다. 꼬리 앞에서 뼈를 잘라 중간뼈를 제거한다.

9 보리새우를 손질한다.p.30 참조 대가리를 등 쪽으로 꺾어 내장을 빼내고 대가리도 떼어낸다. 대가리는 껍질을 벗기고 다리가 붙은 채로 둔다.

10 몸통 껍질을 벗기고 배에 몇 군데 사선으로 칼집을 넣는다. 등은 손가락으로 눌러 등줄기를 펴놓으면 튀길 때 휘지 않는다.

11 오징어를 손질한다.p.33 참조 몸통 안에 손가락을 넣어 연결 부위를 떼어내고 내장과 다리 연골을 잡아당겨 빼낸다. 몸통은 물로 씻어 물기를 닦는다.

12 몸통에서 지느러미를 떼어내고 껍질을 벗긴다. 몸통 안쪽으로 칼을 넣고 연골이 있던 자리를 잘라 몸통을 펼친 뒤 아래 끝부분은 자른다.

13 몸통을 세로로 3등분한 뒤 방향을 바꿔 3cm 폭으로 잘라 직사각형 모양을 만든다. 빨리 익도록 사선으로 얕게 잔 칼집을 넣는다.

14 볼에 조개관자를 넣고 소금 ½작은술을 뿌려 모양이 망가지지 않도록 조심조심 섞은 뒤 얼음물을 붓고 흔들어 씻는다.

15 조개관자의 물기를 빼낸다. 참나물은 3cm 길이로 썰고 파는 얇게 어슷썰기한다. 볼에 가키아게 재료를 모두 넣고 섞는다.

16   차게 식힌 볼에 달걀과 물을 넣고 섞는다. 여기에 박력분 중 ⅔를 체에 내려 넣고 멍울이 약간 남아 있을 정도로 살살 섞어
    튀김옷을 만든다.

17   넓은 접시에 ⑧의 보리멸, ⑩의 새우살, ⑬의 오징어를 올려놓고 소금을 조금 뿌려 밑간한 뒤 남아 있는 박력분을 체로 쳐서
    고루 묻혀 여분의 밀가루를 털어낸다.

18   보리멸에 ⑯의 튀김옷을 고루 묻힌 뒤 볼 가장자리에 문질러 껍질 부분의 튀김옷을 긁어낸다.
    *껍질의 비린내가 빠져나가 고소하게 튀겨진다.

19   180℃로 가열한 기름에 보리멸을 넣어 거품이 줄어들고 속이 익을 때까지 2분 정도 튀긴다. 오징어도 같은 방법으로 튀김옷을
    입혀 튀긴다.

20   ⑤의 떡조개는 냄비에서 꺼내 물기를 닦고 살과 내장을 분리해 박력분을 묻힌 뒤 튀김옷을 입혀 같은 방법으로 1~2분 정도
    튀긴다.

21   ⑮의 가키아게 재료에 튀김옷 반죽과 물(분량 외)을 넣고 섞은 뒤 숟가락으로 떠서 냄비 가장자리로 넣어 2~3분 정도 튀긴다.
    *물을 섞으면 재료끼리 잘 엉긴다.

22   ⑨의 보리새우 대가리는 박력분을 살짝 묻힌 뒤 튀김옷을 입히지 않고 180℃로 가열한 기름에 넣어 4~5분 정도 바싹 튀긴다.

23   기름 온도를 200℃로 올리고 튀긴 보리새우에 다시 튀김옷을 입혀 30초 정도 더 튀긴다.
    *새우를 튀길 때는 냄비 가장자리로 가만히 넣는다. 지나치게 튀겨지지 않도록 주의한다.

24   가다랑어포를 국물 팩에 담아 소스 재료와 함께 냄비에 넣고 센 불로 끓인다. 국물이 끓어오르면 불을 약하게 줄이고 거품을
    건진 뒤 불을 끄고 식혀 소스를 만든다.

25   레몬 껍질의 흰 부분을 도려내어 잘게 다진 뒤 소금과 함께 절구에 넣고 으깨어 레몬소금을 만든다.

바삭한 해산물튀김 만들기

바삭하고 고소한 튀김을 만드는 비법을 알아보자.

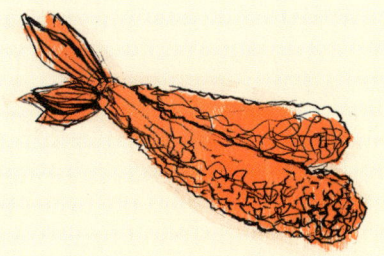

비법 01

튀김옷을 입히기 전에 박력분을 묻힌다

튀김옷을 입히기 전에 박력분을 얇게 묻히면 튀김옷이 고루 입혀진다. 또 해산물의 물기를 흡수하기 때문에 기름이 튀는 것을 방지할 수 있다.

비법 02

껍질은 튀김옷을 얇게 입힌다

비린내의 원인인 생선 껍질에 튀김옷을 두껍게 입히면 튀겼을 때 찜 상태가 되어 비린내가 심해지므로 여분의 튀김옷은 훑어내고 튀긴다.

비법 03

고온으로 튀긴다

해산물은 물기가 많기 때문에 저온에서 튀기면 비리고 질척해진다. 튀김옷이 가라앉지 않고 기름 표면에서 금방 노릇해지는 온도인 200℃ 정도에서 튀긴다.

비법 04

반 정도만 익히면 더 맛있다

신선한 새우나 오징어처럼 생으로 먹을 수 있는 것은 기름에 넣고 열기가 침투하기 시작할 때 꺼내어 반 정도 익은 상태에서 남아 있는 열기로 익히면 달달한 풍미와 부드러운 식감을 즐길 수 있다.

해산물튀김

바삭바삭한 튀김옷 속에 부드러운 살이
꽉 들어찬 튀김 요리.

해산물튀김

2인분
소요 시간 50분

재료 게 집게발(냉동)…4개(200g), 삼치…2토막(160g), 소금·후춧가루…적당량씩, 식용유…적당량

튀김옷 달걀…1개, 박력분…30g, 소금·후춧가루…조금씩, 빵가루…적당량, 춘권피…2장

타르타르소스 양파…15g, 피클…8g, 삶은 달걀…1개, 파슬리…2줄기, 안초비페이스트…½작은술
머스터드마요네즈소스 p.214 참조…50ml, 소금·후춧가루…조금씩

살구토마토소스 양파…30g, 말린 살구…1개, 토마토(데쳐서 껍질 벗긴 것)…150g, 올리브유…1작은술

곁들이 양배추·당근·래디시·바질잎…적당량씩

싱싱한 해산물 고르는 법
삼치는 껍질 무늬가 선명한 것을,
게 집게발은 살이 꽉 차서 묵직한
것을 고른다.

1. 춘권피 2장을 함께 말아 0.3cm 폭으로 얇게 썬 뒤 서로 달라붙지 않도록 손으로 흩어놓는다.

2. 양파, 피클, 삶은 달걀, 파슬리는 각각 잘게 다진다. 다진 양파는 물에 담가 매운맛을 제거하고 물기를 빼놓는다.

3. 볼에 ②, 안초비페이스트, 머스터드마요네즈소스, 소금, 후춧가루를 넣고 섞어 타르타르소스를 완성한다.

4. 양파는 다지고 말린 살구는 0.5cm 폭으로 자르고 토마토는 체에 거른다.

5. 가열한 냄비에 올리브유를 두르고 다진 양파를 넣어 뭉근한 불에서 천천히 볶다가 ④의 살구와 토마토를 넣고 분량이 ⅔로 줄
   때까지 끓여 살구토마토소스를 만든다.

6. 게 집게발은 집게발과 다리 사이의 관절을 꺾어 나눠놓는다.
   *냉동일 경우 실온에서 자연 해동한다. 완전히 해동되기 직전에 작업을 하면 쉽다.

7 집게발은 집게를 남겨둔 채 껍질의 하얗고 연한 쪽을 칼등으로 톡톡 두들겨 금을 낸 뒤 껍질을 벗겨 살이 보이게 한다.

8 다리는 관절 부분을 2cm 정도 남겨둔 채 집게발과 같은 방법으로 껍질을 한 바퀴 두들겨 금을 낸 뒤 살과 껍질 사이에 주방가위를 넣고 잘라 껍질을 벗긴다.

9 삼치는 잔가시를 핀셋으로 제거하고 껍질이 붙은 채로 반 잘라 평평한 그릇에 놓은 뒤 소금 1꼬집, 후춧가루 조금을 뿌려 밑간한다.

10 볼에 달걀, 박력분, 소금, 후춧가루를 넣고 고루 섞는다. *튀김옷 반죽이 되직하면 물을 조금 넣는다.

11 박력분을 뿌린 넓은 그릇에 물기를 제거한 집게발과 다리, 삼치 2토막을 올리고 박력분을 고루 묻힌 뒤 여분의 가루는 턴다.

12 ⑪의 게다리와 집게발은 껍질을 벗긴 살 부분에만, 삼치는 전체에 튀김옷을 입힌다.

13 집게발은 살 부분에, 삼치는 전면에 빵가루를 묻힌다. *넓은 그릇에 빵가루를 펴놓고 묻히면 고루 달라붙는다.

14 ⑫의 게다리 살 부분에 ①의 춘권피 썬 것을 꼼꼼하게 손으로 눌러가며 전면에 고루 붙인다.

15 춘권피가 마름모꼴이 되게 놓고 정중앙에서 조금 아래쪽에 ③의 타르타르소스를 바른 뒤 삼치 한 토막을 올리고 다시 타르타르소스를 바른다.

16 춘권피 앞면과 양쪽 면을 접어 삼치를 감싼 뒤 나머지 면으로 돌돌 말고 끄트머리에 ⑩의 튀김옷을 발라 벌어지지 않도록 고정시킨다. 남아 있는 삼치 한 토막도 같은 방법으로 싼다.

17 튀김 준비가 끝난 상태. 왼쪽부터 빵가루 묻힌 집게발과 삼치, 자른 춘권피 붙인 게다리, 춘권피로 싼 삼치 순이다.

18 기름을 180℃로 가열하여 춘권피로 싼 삼치를 넣고 튀긴다.
*빵가루 묻힌 것을 먼저 튀기면 기름 안에 빵가루 찌꺼기가 남아 지저분해진다.

19 기포가 작아지고 표면이 노릇해지면 튀김망으로 건져 기름을 뺀 뒤 넓은 그릇에 옮긴다.

20 춘권피 붙인 게다리는 스크레이퍼로 받친 채 냄비 가장자리에서 튀김용 젓가락으로
    살며시 밀어 넣어 튀긴 뒤 튀김망으로 건져서 기름을 뺀다.
    *이렇게 하면 기름에 넣었을 때 춘권피가 떨어져 사방으로 퍼지는 것을 막을 수 있다.

21 게다리는 냄비 가장자리로 밀어 넣어 튀기다가 표면이 노릇해지면 튀김망으로 건져서 기름을 뺀다.

22 빵가루 묻힌 집게발과 삼치를 넣고 튀기다가 튀김옷이 노릇해지면 튀김망으로 건져서 기름을 뺀다.

23 튀김을 평평한 망이 깔린 쟁반에 올려 기름을 마저 뺀다.
    *튀김을 기울여 세워놓으면 여분의 기름이 빨리 빠진다.

24 양배추, 당근, 래디시는 채 썬다.

25 접시 가운데에 채 썬 채소들을 깔고 튀김을 올린 뒤 기호에 맞게 타르타르소스와 살구토마토소스를 뿌린다.

세계의 튀김

해산물의 풍미를 가득 머금은 튀김 요리를 맛보자.

🇬🇧 영국

🇹🇭 타이

🇮🇹 이탈리아

피시 앤 칩스 fish and chips

재료
농어(또는 대구, 가자미)…2토막
감자…1개
박력분…적당량
샐러드유…적당량

튀김옷
박력분…½컵(55g)
베이킹파우더…½작은술
물…65ml
맥주…30ml
생강즙…5ml
소금…약간

만드는 법
1 감자는 껍질째 1×1×6cm 굵기로 썬 뒤 물에 담가 녹말기를 빼낸다.

2 물기를 닦고 박력분을 묻혀 160℃로 가열한 기름에 5~6분 정도 튀겨 건진 뒤 다시 고온에서 바삭하게 튀긴다.

3 볼에 체에 내린 박력분과 베이킹파우더, 물, 맥주, 생강즙, 소금을 넣고 고루 섞어 튀김옷을 만든다.

4 농어에 ③의 튀김옷을 입혀 튀긴다.

5 접시에 튀긴 감자와 농어를 담고 방울토마토나 파슬리, 몰트식초(맥아식초)를 곁들인다. 튀김옷을 입히기 전에 박력분을 얇게 묻히면 튀김옷이 고루 입혀진다. 또 해산물의 물기를 흡수하기 때문에 기름이 튀는 것을 방지할 수 있다.

톳 만 플라 tod man pla

재료
흰살 생선 연육(시판용)…300g
달걀…1개
카레페이스트…15g
남플라…2작은술
꼬투리강낭콩…80g
바질잎…2장
샐러드유…적당량
곁들이…향채·양상추·토마토 적당량씩

만드는 법
1 꼬투리강낭콩은 끓는 물(분량 외)에 소금(분량 외)을 넣고 데쳐 0.5cm 폭으로 자른다. 바질은 다진다.

2 볼에 흰살 생선 연육, 달걀, 카레페이스트, 남플라를 넣고 고루 섞는다.

3 ②에 ①의 꼬투리강낭콩, 바질을 넣고 살살 섞어 둥글게 뭉친 뒤 납작하게 만들어 180℃로 가열한 기름에 5분 정도 튀긴다.

4 그릇에 담고 좋아하는 향채나 양상추, 토마토를 잘라 곁들인다.

폴렌타* 프리토 polenta fritto

재료
새우…4마리
오징어…½마리
주키니…¼개
파프리카…¼개
박력분·폴렌타…적당량
달걀물…적당량
샐러드유…적당량
곁들이…허브 적당량
소금·후춧가루…적당량씩

*폴렌타: 옥수숫가루 또는 옥수숫가루로 끓인 이탈리아 죽 요리. 여기서는 가루를 의미한다. 폴렌타가 없을 경우 아몬드나 콘플레이크를 빻아서 사용해도 된다.

만드는 법
1 새우는 대가리를 떼어 껍질을 벗기고 오징어는 껍질을 벗겨 고리 모양으로 자른다. 주키니와 파프리카는 먹기 좋은 크기로 자른다.

2 각 재료에 소금과 후춧가루를 뿌려 밑간한 뒤 박력분, 달걀물, 폴렌타 순으로 묻혀서 180℃로 가열한 기름에 4분 정도 튀긴다.

3 그릇에 담고 오레가노 등 허브를 곁들인다.

각국의 대표 튀김 요리에 대해 알아보자

식탁에서 해산물튀김을 즐기는 나라들이 많다. 서양에서는 재료만 튀기는 경우는 거의 없고 주로 튀김옷을 입혀 튀기는데, 이때 튀김옷 반죽에 허브를 넣어 향이 감돌게 하거나 맥주 또는 달걀흰자를 넣어 얇고 바삭하게 부풀어 오르도록 한다. 프리토 fritto는 이탈리아어로 '튀긴다'는 의미로 가루만 묻혀서 튀기는 것과 박력분을 맥주와 섞어 만든 튀김옷을 입혀 튀기는 것 등 여러 가지가 있다. 피시앤드칩스는 영국 서민들에게 친숙한 음식으로 보통은 몰트식초를 뿌려 먹지만 토마토케첩이나 타르타르소스 등 기호에 맞는 소스를 뿌리면 된다. 톳 만 플라는 타이식 어묵으로 생선 소스인 남플라가 들어가 독특한 풍미를 느낄 수 있다. 또 새우 연육을 튀긴 톳 만 쿵 tod man kung도 있다.

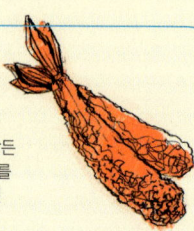

해산물 인기 메뉴 5

해산물카레

구운 해산물을 넣어 깊은 풍미를 느낄 수 있는 카레 요리.

해산물카레

2인분
소요 시간 60분
※조개 해감 시간 불포함.

해산물카레소스 가리비 조개관자…4개(120g), 대합…4마리(120g), 블랙타이거(대가리 뗀 것)…4마리(80g)
한치…4마리(100g), 당근…½개(40g), 토마토(데쳐서 껍질 벗겨 체에 내린 것)…300g, 사과…¼개(50g)
마늘…¼쪽, 생강…½조각, 박력분…20g, 카레가루…10g, 쿠민파우더…1작은술, 화이트와인…20ml
치킨부용…2컵(400ml), 버터…15g, 올리브유…2큰술+2작은술(40cc), 소금…적당량, 후춧가루…조금

곁들이 피클…적당량

Tip **싱싱한 해산물 고르는 법**
대합은 입을 꽉 다물고 있는 것, 가리비
조개관자는 형태가 또렷한 것을 고른다.

1. 대합은 염도 3%의 소금물(분량 외)에 담가 어둡고 서늘한 곳에 2시간 정도 두어 해감한다.

2. 가리비 조개관자는 하얗고 딱딱한 부분을 떼어내고 2등분한다. 떼어낸 부분은 버리지 말고 남겨둔다.

3. 블랙타이거는 꼬챙이로 등 쪽 내장을 빼낸 뒤 꼬리까지 껍질을 벗긴다. 껍질은 버리지 말고 남겨둔다.

4. 한치는 몸통과 다리를 분리한 뒤 몸통 살은 2cm 폭으로 자르고 다리는 그대로 사용한다.

5. 가리비 조개관자, 블랙타이거, 한치에 소금, 후춧가루를 뿌려 밑간한다.

6. 양파, 당근, 생강, 파는 다진다.

해산물 요리 실견 • 해산물카레

7 가열한 프라이팬에 올리브유 1작은술을 두르고 블랙타이거를 넣어 센 불로 굽다가 빨갛게 익으면 ⑤의 남아 있는 해산물을 넣고
   노릇하게 구워 그릇에 옮긴다.

8 같은 프라이팬에 올리브유 1작은술을 넣고 연기가 날 때까지 가열한 뒤 ②의 조개관자에서 떼어낸 흰 부분, ③의 블랙타이거
   껍질을 넣고 센 불로 굽는다.

9 블랙타이거 껍질이 빨갛게 익고 고소한 향이 올라올 때까지 볶다가 화이트와인, 치킨부용 순으로 넣고 센 불로 끓인다.

10 국물이 끓기 시작하면 ①의 대합을 넣고 불을 약하게 줄여서 입을 벌릴 때까지 끓인다. *대합이 국물에 잠긴 상태로 끓인다.

11 대합을 건져서 껍질과 살을 분리한다. *한쪽 껍질의 조개관자를 떠내듯 떼어내면 깨끗하게 떨어진다.

12 해산물의 풍미가 녹아 있는 ⑩의 국물을 10분 정도 더 끓인 뒤 체에 받쳐 건더기를 건진다.

13 다른 프라이팬에 올리브유 2큰술, 버터, 생강, 마늘을 넣고 가열하여 향이 날 때까지 볶는다.

14 ⑥의 다진 양파, 당근을 넣고 갈색이 될 때까지 중간 불에서 볶는다.
   *프라이팬 바닥 전체에 펼친 채 그대로 익히다가 갈색이 되었을 때 물(분량 외)을 조금 붓고 섞기를 반복하면 빨리 익는다.

15 박력분을 넣는다. 가루가 완전히 섞이고 고소한 냄새가 날 때까지 볶는다. *박력분을 넣으면 걸쭉해진다. 가루가 다 풀어질 때까지 볶는다.

16 약한 불에서 카레가루와 쿠민파우더를 넣고 다시 볶는다. *카레가루는 잘 눌어붙으므로 약한 불에서 볶는다.

17 카레 향이 나면 ⑫의 국물을 2~3회로 나눠 부어가며 잘 어우러지도록 섞는다. *재료를 으깨듯이 눌러가며 푼다.

18 잘 어우러졌으면 불을 세게 하고 토마토를 넣어 섞는다. 국물이 끓어오르면 불을 약하게 줄여서 끓는 상태를 유지한다.

19 사과는 심을 제거하고 껍질째 간다.

20 ⑱의 국물에 간 사과와 소금 1작은술을 넣는다.
*사과를 넣으면 새콤달콤한 맛이 더해진다.

21 끓으면서 거품이 생기면 국자로 떠낸다.
*국물째 떠낸 뒤 물을 담은 볼 위에서 바람으로 거품만 날려 떨어뜨린다.

22 불을 약하게 줄이고 20분 정도 끓이면서 가끔씩 바닥부터 저어 전체를 고루 섞는다.
*농도가 진해져 바닥이 탈 수 있으니 신경 쓴다.

23 ⑦의 해산물과 ⑪의 조갯살을 넣고 가볍게 섞어 해산물카레소스를 완성한다.
그릇에 밥을 담고 해산물카레소스를 얹은 뒤 피클을 곁들인다.

Tip
조개가 입을 벌리지 않는 경우
조개가 국물에 잠기지 않을 때는 프라이팬을 기울여 잠기게
만든다. 국물이 끓어오르면 열이 전체에 전달되어 조개가
입을 벌린다. 조개가 입을 벌릴 때까지 5분 정도 걸릴 수도
있으므로 느긋하게 기다린다.

색다른 해산물카레

기본 해산물카레에 이색 재료를 추가하면 한 차원 다른 해산물카레를 맛볼 수 있다.

에스닉한 맛을 즐길 수 있다

타이식 해산물카레

재료 넣는 타이밍

양파와 당근을 볶다가 그린카레페이스트를 넣고 볶는다. 코코넛밀크는 치킨 부용 넣을 때 함께 넣고 끓인다.

추가 재료
코코넛밀크…150㎖, 그린카레페이스트…1작은술

매콤한 향신료가 카레의 매운맛을 배가시킨다.

매콤해산물카레

재료 넣는 타이밍

사프란은 손으로 비벼 가루를 낸다. 카레가루와 쿠민파우더를 볶다가 사프란 가루와 강황을 함께 넣고 볶는다.

추가 재료
강황…2작은술, 사프란…1꼬집

사워크림이 카레의 매운맛을 가라앉힌다.

사워크림 해산물카레

재료 넣는 타이밍

해산물카레를 그릇에 담고 사워크림을 곁들인다.

추가 재료
사워크림…4큰술

해산물카레의 보고, 동남아시아

카레는 인도의 전통 요리다. 18세기에 인도를 침략한 영국인이 향신료를 자국으로 가지고 돌아가 영국식의 변형된 카레가루를 만들어 팔기 시작한 것이 전 세계로 퍼져나갔다. 카레는 들어가지 않는 재료가 없다고 말할 정도로 여러 가지 식재료가 사용된다. 특히 바다에 접하고 있는 동남아시아의 여러 나라에는 수많은 종류의 해산물카레가 있다. 피시 헤드 커리fish head curry는 생선 대가리가 들어간 카레로 싱가포르의 유명한 요리다. 시장에서 버려지는 생선 대가리를 카레에 넣은 것이 그 시작이다. 마치커리는 매콤한 카레 속에 튀긴 생선을 넣은 방글라데시의 카레 요리다. 해산물이 풍부하게 잡히는 스리랑카에서는 황새치를 넣은 피시커리fish curry를 만들어 먹는다. 이곳에서는 카레의 재료가 채소인 경우에도 생선을 반드시 넣는다. 또 몰디브 피시maldive fish라고도 불리는 가다랑어포로 국물을 우려 감칠맛을 더한다.

해산물 인기 메뉴 ⁶

부야베스*

지중해 특유의 향료인 사프란의 향과
다양한 해산물의 풍미를 느낄 수 있는 수프.

*부야베스 bouillabaisse**: 프랑스 마르세유 지방의 명물 요리, 사프란을 넣은 해산물수프.**

부야베스

2인분
소요 시간 120분

재료 실꼬리돔…1마리(350g), 쏨뱅이…1마리(250g), 골뱅이…2마리(200g), 닭새우…1마리(500g)
양파…½개(100g), 당근…¼개(40g), 회향(또는 셀러리)…½줄기(50g), 대파…⅓줄기, 완숙토마토(대)…1개(200g)
마늘…½쪽, 아니스술anisette…20ml(또는 아니스 씨 1꼬집+화이트와인 20ml), 화이트와인…80ml
토마토페이스트…20g, 생선 국물…2컵(400ml), 치킨부용…2컵(400ml), 사프란…⅓작은술, 타임…2줄기
셀러리…1줄기, 버터…10g, 올리브유…3큰술, 소금·후춧가루…적당량씩

루유* 감자…30g, 빨강 파프리카…15g, 부야베스…120ml, 마늘·카옌페퍼…적당량씩, 엑스트라 버진 올리브유…20ml
소금·후춧가루…적당량씩 *루유rouille : 프랑스 프로방스 지방의 홍고추가 들어간 소스.

마늘바게트 바게트(두께 0.6cm)…6개, 마늘…½쪽, 올리브유…적당량

곁들이 펜넬 조금

> Tip
> **싱싱한 해산물 고르는 법**
> 실꼬리돔과 쏨뱅이는 눈알이 투명한 것, 닭새우는
> 몸통이 두툼한 것, 피조개는 살이 꽉 찬 것을 고른다.

1. 실꼬리돔은 비늘을 벗기고 가슴지느러미와 배지느러미 옆에 사선으로 칼집을 넣는다. 나머지 한 면도 같은 방법으로 칼집을 넣는다.

2. 칼을 항문에서 대가리 방향으로 넣어 배를 가르고 대가리를 잡아당겨 내장과 함께 떼어낸 뒤
   배 안쪽의 얇은 막을 찢어 혈합육을 긁어낸다.

3. 배 속에 남아 있는 내장과 혈합육을 물로 씻고 물기를 닦은 뒤 배에서 꼬리까지 중간뼈 위로 칼집을 넣는다.

4. 등을 앞으로 놓고 등지느러미 0.2~0.3cm 위쪽 중간뼈 위로 칼집을 넣는다.
   그다음 꼬리 부분 살과 가운데 굵은 뼈 사이로 칼집을 넣고 칼을 눕힌 뒤 대가리 쪽으로 움직여 중간뼈에서 살을 떼어낸다.

5. 칼을 왼쪽으로 눕혀 넣고 꼬리 쪽으로 움직여 꼬리와 살을 분리한다. 남아 있는 살도 같은 방법으로 중간뼈에서 분리한다.
   중간뼈에 살이 남아 있지 않도록 세심하게 작업한다.

6   실꼬리돔을 3장뜨기한 상태. 2장의 살에 남아 있는 갈비뼈를 도려내고 잔가시를 뽑은 뒤 3cm 폭으로 자른다. 이때 중간뼈는 남겨둔다. 쏨뱅이도 같은 방법으로 손질한다.

7   ②에서 잘라둔 대가리는 아가미와 내장, 눈을 제거하고 입속으로 칼을 집어넣어 반으로 자른다. 손질한 대가리와 ⑥의 중간뼈를 얼음물에 담가 피와 점액을 제거한다.

8   골뱅이는 솔로 표면을 문질러 닦고 흐르는 물에 씻어 이물질을 제거한다. 껍질에 붙은 따개비 등은 칼등으로 두드려 떼어낸다.

9   닭새우는 대가리, 등껍질, 배를 솔로 문지른 뒤 흐르는 물에 표면의 이물질을 씻는다. 다리와 대가리의 촉각에 다치지 않도록 주의한다.

10   ⑥의 실꼬리돔과 쏨뱅이 살을 넓은 그릇에 올려놓고 양면에 소금 1꼬집, 후춧가루 조금을 뿌려 밑간한다.

11   양파, 당근, 회향 줄기, 대파를 0.3cm 폭으로 자른다. 회향잎은 썩둑썩둑 썰고 토마토는 꼭지를 떼어 사방 1cm 크기로 깍둑썰기한다.

12   냄비에 사프란을 넣고 센 불에 올려 볶다가 불을 끄고 잠시 둔다. 바삭하게 볶아진 사프란을 물기 없는 손가락으로 비벼서 가루를 만들면 색이 잘 우러나온다.

13   다른 냄비에 올리브유 2큰술과 버터 5g을 넣고 센 불에 올린 뒤 ⑨의 닭새우와 ⑦의 서덜을 넣어 서덜이 너덜너덜해질 때까지 볶는다.

14   ⑪의 채소에서 토마토를 뺀 나머지를 넣고 물기가 없어질 때까지 볶는다. 채소가 다 볶아지면 아니스술, 화이트와인을 넣는다.

15   ⑪의 토마토, 토마토페이스트, 생선 국물, 치킨부용을 넣고 센 불로 끓이다가 팔팔 끓어오르면 불을 약하게 줄이고 표면의 거품을 건진다.

16   익은 닭새우를 건져 등 쪽에 칼집을 넣고 반으로 자른다. ⑧의 골뱅이, 타임, 루유를 ⑮의 냄비에 넣는다.

17   ⑫의 사프란이 든 냄비에 ⑯의 국물을 조금 섞는다. 이것을 다시 ⑯의 냄비에 넣고 약한 불로 20분 정도 끓인다.

18   골뱅이를 건져서 꼬챙이로 살을 빼낸 뒤 뚜껑과 내장, 타액선을 제거하고 p.49 참조 칼을 오른쪽으로 기울여 살과 흰 덩어리를 깎아내듯이 썰어 포를 뜬다.

19   ⑰의 국물을 체에 내려 서덜을 걸러낸다.
     *체 위에서 나무 봉이나 밀대로 문지르듯 눌러 내리면 해산물과 채소의 진국을 마지막 한 방울까지 얻을 수 있다.

20   프라이팬에 올리브유 1큰술과 버터 5g을 넣고 가열한 뒤 ⑩의 생선을 껍질이 아래로 가게 올려 굽는다.
     *껍질은 바삭하고 살은 촉촉하게 살짝 굽는다.

21   ⑳에 ⑲의 국물과 ⑯의 닭새우를 넣고 끓이다가 소금, 후춧가루로 간을 맞추고 ⑱의 골뱅이 살을 넣어 약한 불에서 맛이 밸 때까지 졸인다.

22   감자와 빨강 파프리카는 삶아서 깍둑깍둑 썬 뒤 나머지 재료와 함께 믹서에 넣고 간다.

23   다진 마늘과 올리브유를 섞어 바게트에 바르고 미니오븐에서 2~3분 정도 굽는다.

24   ㉑을 그릇에 담고 ⑱의 골뱅이 껍질 속에 골뱅이 살을 넣은 뒤 국물을 끼얹고 펜넬로 장식한다.
     다른 그릇에 루유와 마늘바게트를 담아 함께 낸다.

퓌메 드 푸아송

생선의 감칠맛이 응축된 국물을 만들어보자.

퓌메 드 푸아송 fumée de poisson

퓌메 드 푸아송은 프랑스어로 '생선 국물'을 의미한다. 주로 흰살 생선 서덜로 국물을 우려 생선 요리에 들어가는 소스의 베이스 등으로 사용한다. 만드는 방법은 냄비에 모든 재료를 넣고 끓이는 것과 채소와 서덜을 볶아서 끓이는 것 두 가지가 있다. 오래 끓이면 쓴맛이 나거나 향이 날아갈 수 있으므로 30분 정도만 끓인다.

재료

참서대(소)…1마리(300g), 양파…60g, 에샬롯…20g, 셀러리…30g, 양송이버섯…2개, 물…1ℓ 화이트와인…100ml, 타임…1줄기, 월계숫잎…1장, 흰후추…3알

만드는 법

1 참서대는 껍질을 대가리 쪽부터 벗겨 대가리를 자르고 내장과 혈합육을 제거한 뒤 살은 큼직큼직하게 토막 낸다. 참서대 대신 도미 등의 흰살 생선 서덜을 사용해도 된다.

2 얼음물에 대가리와 살을 5분 정도 담가 남아 있는 피와 비린내를 제거하고 물기를 닦는다.

3 냄비에 물, 화이트와인, 얇게 썬 양파, 에샬롯*, 셀러리, 양송이를 넣는다.
*에샬롯 échalotee: 작고 길쭉한 양파의 일종

4 ②의 대가리와 살, 타임, 월계숫잎, 흰후추를 넣어 끓이다가 팔팔 끓어오르면 약한 불에서 20분 정도 끓인다.

5 1차로 거품을 국자로 건져낸 뒤 체에 키친타월을 깔고 전체 국물을 걸러낸다.

국물을 맛있게 우리는 비법은 불 조절에 달렸다

국물이 끓어올라 거품이 생기면 바로 건져내고 불을 줄여 끓고 있는 상태를 유지한다. 센 불에서 계속 끓이면 거품이 돌아 투명해지지 않고 불이 너무 약하면 맛이 우러나오지 않는다.

흰살 생선의 신선도가 국물 맛을 좌우한다

퓌메 드 푸아송은 프랑스 요리에서 절대 빠질 수 없는 국물의 하나로 해산물 요리에 들어가는 소스의 베이스나 해산물을 데치는 국물로 사용한다. 앞에 말한 만드는 법 두 가지 중에 재료를 볶지 않고 오로지 푹 끓여서 만들면 맑고 투명한 양질의 국물을 우려낼 수 있다. 반면 재료를 볶아서 만들면 깊은 맛이 나서 소스의 감칠맛을 돋울 때 사용하면 좋다. 선도가 떨어진 생선은 좋은 풍미를 낼 수 없으므로 신선한 생선을 사용해야 하는데, 특유의 냄새가 없는 참서대나 도미 같은 흰살 생선이 적당하다. 생선 국물은 오래 끓이면 향이 날아가고 뼛속의 쓴맛이 우러나온다. 이때는 비린내가 머물지 않도록 평평한 냄비를 사용해 거품을 건져내면서 30분 이내로 끓인다.
사용하고 남은 것은 식혀서 밀폐용기에 담아 냉동 보관하되 2주 이내에 사용하도록 한다.

해산물파에야

화려한 모양에 눈이 즐거운
지중해식 해산물 요리.

해산물 파에야

2인분
소요 시간 60분

재료 홍합…4마리(160g), 블랙타이거(대가리 뗀 것)…7마리(140g), 오징어(소)…1마리(200g)
닭넓적다리살…100g, 양파…75g, 청피망…1개(40g), 빨강 파프리카…70g, 토마토(데쳐서 껍질 벗겨 체에 내린 것)…50g
흰낫치콩(삶은 것)…50g, 마늘…½쪽, 쌀…200g, 화이트와인…80ml, 치킨부용…350ml, 사프란…1꼬집, 강황…1작은술
올리브유…2큰술, 소금·후춧가루…적당량씩

곁들이 레몬…½개, 다진 파슬리…적당량

싱싱한 해산물 고르는 법
홍합은 두툼한 것, 블랙타이거는
껍질이 투명한 느낌이 드는 것,
오징어는 몸통이 붉은 것을 고른다.

 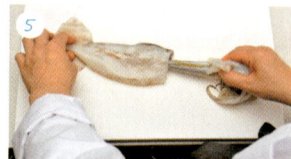 

1. 홍합을 손질한다.p.37 참조 솔로 표면의 이물질을 제거하고 포크로 감아 족사를 당겨 뽑아낸다.

2. 냄비에 홍합, 화이트와인, 치킨부용을 넣고 센 불에서 끓이다가 홍합 입이 벌어지면 꺼내어 식힌 뒤 한쪽 껍질을 떼어낸다.

3. ②의 국물을 고운체로 걸러 바닥에 가라앉은 불순물을 제거하면 깔끔한 국물을 얻을 수 있다.

4. 블랙타이거는 꼬챙이로 등 쪽 내장을 빼내고 주방가위로 다리를 자른 뒤 꼬리를 남기고 등껍질에 세로로 진집을 넣어 껍질을 벌린다. 껍질은 제거하지 말고 나중에 쉽게 벗길 수 있도록 살을 떼어놓는다.

5. 오징어를 손질한다.p.33 참조 몸통에 손가락을 넣어 내장과의 연결 부위를 떼어내고 내장이 터지지 않도록 잡아당겨 빼낸 뒤 연골도 제거한다.

6. 몸통과 지느러미의 껍질을 벗긴다. 내장과 다리는 눈 아래에서 칼로 잘라 분리한다. 다리의 빨판은 칼등으로 긁어 떼어낸다.

7 　오징어 몸통은 4~5cm 길이, 0.8cm 폭으로 썰고 다리는 2cm 길이로 자른다.

8 　닭넓적다리살은 1.5cm 크기로 깍둑썰기한다. *도마 위에 껍질을 아래로 놓고 손으로 고정하여 자르면 잘 잘린다.

9 　블랙타이거, 오징어, 닭넓적다리살을 넓은 그릇에 올리고 소금 1꼬집, 후춧가루 조금을 뿌린 뒤 주물러 밑간한다.

10 　청피망과 빨강 파프리카는 씨와 속을 제거하고 0.5cm 폭의 막대 모양으로 자른다. 양파와 당근은 다진다.

11 　냄비에 사프란을 넣고 센 불에 올려 볶다가 불을 끄고 잠시 둔다.
　　바삭하게 볶아진 사프란을 물기 없는 손가락으로 비벼서 가루를 만들면 색이 잘 우러나온다.

12 　⑪의 냄비에 ③의 국물과 강황을 넣고 잘 섞는다.

13 　파에야 팬에 올리브유와 다진 마늘을 넣고 가열하여 마늘 향이 올라올 때까지 약한 불로 천천히 볶는다.

14 　밑간한 블랙타이거를 넣고 중간 불에서 양면을 익힌다. *껍질이 빨갛게 되고 고소한 냄새가 날 때까지 익힌다.

15 　오징어와 닭넓적다리살을 넣고 살짝 익을 만큼 볶는다.
　　*재료에서 빠져나오는 물기가 날아가도록 넓게 펼치면서 볶으면 질척해지지 않고 향도 좋아진다.

16 　양파를 넣고 숨이 죽을 때까지 볶다가 청피망과 빨강 파프리카를 넣고 볶는다.

17 　채소가 익으면 블랙타이거를 건진 뒤 3마리는 껍질을 벗기고 1cm 폭으로 잘라 다시 냄비에 넣는다.

18 　중간 불 상태에서 씻지 않은 쌀을 넣는다.

19 ⑫의 국물을 쌀이 잠길 만큼 붓고 토마토, 흰까치콩 순으로 넣어 끓인다.

20 소금 2꼬집, 후춧가루 조금을 넣는다.
*쌀이 염분을 흡수하므로 간을 짭짤하게 하면 익었을 때 간이 딱 맞는다.

21 파에야 팬을 가끔씩 흔들면서 쌀이 속까지 익도록 약한 불에서 15분 정도 끓인다.
*간을 더하려면 물기가 있을 때 한다.

22 쌀이 익었으면 ②의 홍합, ⑰의 블랙타이거, 빗 모양으로 썬 레몬을 올리고 다진 파슬리를 흩뿌린다.

TIP
쌀이 잘 익은 맛있는 밥을 지으려면
맛국물로만 밥을 지으면 쌀이 염분을 흡수해서 싱거워진다. 이때는 국물을 부은 뒤 소금, 후춧가루로 조금 센 듯하게 간을 맞춘다. 밥이 다 지어졌을 때 싱거우면 뜨거운 물에 녹인 소금을 전체에 고루 뿌린 뒤 물기를 날려 간을 맞춘다.
쌀은 속까지 잘 익힌다. 뜨거운 물에 녹인 소금을 전체에 고루 뿌린 뒤 물기를 날린다.
쌀이 속까지 익지 않으면 알루미늄 포일을 씌워 증기로 찐다.

서양의 생선 조리 도구

서양에서 사용하는 생선 조리 도구에 대해 알아보자.

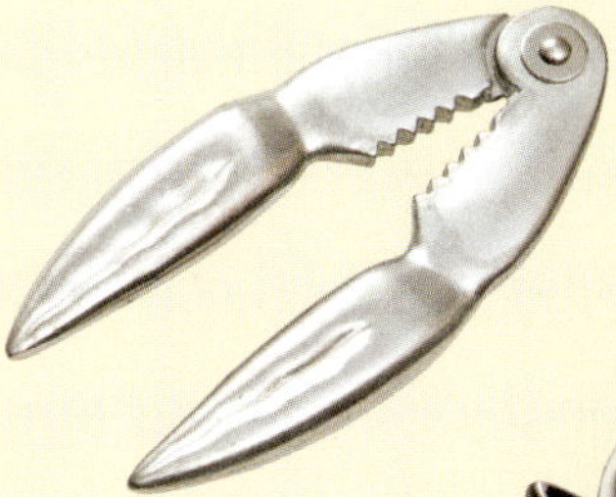

프아 아 푸아송poêle a poisson
타원형의 얕은 생선용 냄비. 생선을 통째로 넣고 적은 국물로 장시간 조리거나 구울 때 사용한다.

로브스터 크래커lobester cracker
새우나 게 껍질을 자를 때 칼이나 주방가위 대신 사용한다.

오이스터 나이프oyster knife
이름은 나이프지만 끝이 뭉뚝하다. 굴을 껍질에서 발라낼 때 사용한다.

쿠토 필레 드 솔couteau fillet de sole
날이 얇고 휘어지게 만들어진 칼. 참서대의 뼈와 얇은 살 사이로 깔끔하게 지나간다.

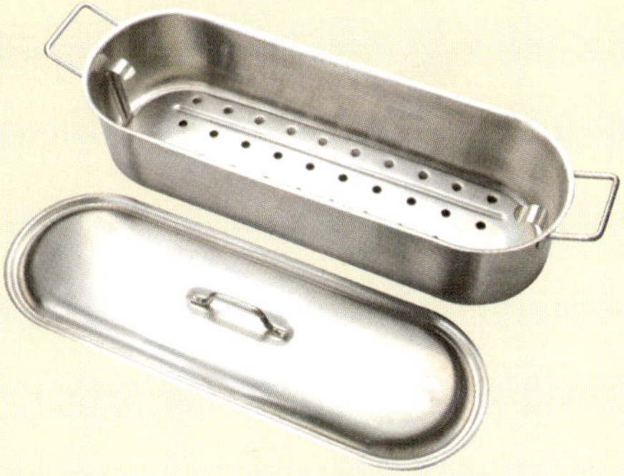

살몽 나이프salmon knief
연어나 햄 등을 얇게 저며 썰도록 홈이 파인 칼. 차진 살도 잘 달라붙지 않는다.

푸아소니에poissonnier
큰 생선도 자르지 않고 통째로 찔 수 있다. 가정에서는 가스레인지 2구에 올려 사용한다.

전용 조리 도구로 효율을 배가시키자!
서양에서는 해산물을 주로 익혀서 먹기 때문에 해산물 조리용 냄비가 발달되어 있다. 푸아소니에는 타원형의 깊은 냄비로 생선을 적은 물로 장시간 조릴 때 사용한다. 안에 손잡이가 달린 망이 있는데 망 위에 생선을 올려놓고 조리한 뒤 망만 끌어올리면 생선살이 망가지지 않게 꺼낼 수 있다. 큰 생선을 통째로 조리할 때는 타원형 냄비인 프아 아 푸아송을 사용하면 불필요한 공간이 생기지 않아서 편하다. 오이스터 나이프는 굴 껍질에서 살을 빼낼 때 상처를 내지 않도록 끝을 둥글게 처리했다. 참서대처럼 살이 얇은 서대기류의 생선은 쿠토 필레 드 솔이 유용하다. 날이 휘어지기 때문에 생선뼈를 떠낼 때 살이 딸려가지 않는다. 살몽 나이프는 칼에 홈이 파여 있어 연어 살이 달라붙지 않는다.

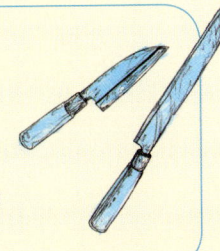

Chapter 3

등푸른 생선

dark meat fish

신선한 해산물을 고르는 법

생선은 선도가 생명이다

생선을 고를 때는 먼저 눈과 아가미를 본다. 신선한 생선은 눈이 투명하고 눈 주위가 올라와 있으며
아가미뚜껑 속 아가미가 선명한 붉은색을 띤다. 생선의 선도가 떨어지면 내장부터 썩기 시작하므로 복부가
탱탱하지 않은 것은 내장이 부패해 모양이 흐트러지기 시작했다는 증거다. 구매할 때 손으로 눌러 탄력이
있는지 확인하도록 한다. 또 살이 통통하게 오른 것이 맛있는 생선이므로 두께도 살핀다. 여기에 비늘에
윤기가 돌며 선명하다면 매우 신선한 생선이다. 토막 생선은 혈합육 색이 선명한지를 살피면 되는데, 선도가
떨어지면 거무스름하거나 붉은 기가 옅어진다. 살은 단단하고 투명한 것이 좋다. 살에 탄력이 없고 포장 팩
가장자리로 물기가 고여 있는 것은 좋지 않다.

생선 고르는 법

통생선

눈
검고 투명하며
혼탁하지 않고 탱탱한
것이 좋다. 눈이 푹
들어간 것은 피한다.

아가미
아가미뚜껑 속이 선명한
붉은색인 것이 좋다.
검붉은 것, 피나 물기가
고인 것은 피한다.

복부
늘어지지 않으며
탄력 있는 것이 좋다.

전체적인 모습
비늘에 윤기가 돌고
단단하게 붙어 있으며
모양이 또렷한 것이 좋다.

토막 생선

껍질
비늘을 깔끔하게
손질한 것이 좋다.

혈합육
혈합육 외에는 피가 돌지
않는 것이 좋다. 담아놓은
그릇에 피나 물기가 고인
것은 피한다.

전체적인 모습
살이 투명하고 절단면이
매끄러우며 깔끔한 것이
좋다.

가쓰오다타키*
샐러드

가쓰오다타기로 만드는 색다른 샐러드 요리.

*가쓰오다타키: 가다랑어를 겉면만 훈제한 뒤 식혀서 먹는 회 요리.

가쓰오다타키샐러드

2인분
소요 시간 70분
※폰즈소스 식히는 시간 불포함.

재료 가다랑어(횟감)…¼마리, 노랑 방울토마토…4개, 보라색 양파…60g, 마늘…1쪽, 생강…1조각, 양하…1개
청차조기잎…2장, 소금…조금

폰즈소스 가다랑어포…3g, 간장…¼컵(50ml), 맛국물…5작은술, 라임즙…5작은술

싱싱한 가다랑어 고르는 법
1년 중 가다랑어의 제철은 봄과 가을 두 번이다.
횟감은 살이 단단하고 붉은 것을 고른다. 물기가
흘러나온 것은 피한다.

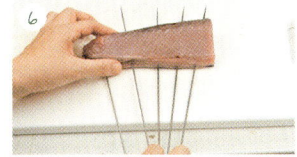

1. 간장, 맛국물, 라임즙을 섞고 가다랑어포를 담근 뒤 랩을 씌워 1시간 이상 냉장고에 둔다.

2. 체에 키친타월을 깔고 ①을 걸러 폰즈소스를 완성한다.

3. 마늘은 섬유질 반대 방향으로 얇게 저미고 생강, 양하, 청차조기는 채 썬 뒤 각각 물에 담가 아린 맛을 제거한다.

4. 보라색 양파는 빗 모양으로 썰고 다시 섬유질 반대 방향으로 얇게 썬 뒤 물에 담가 매운맛을 제거한다.

5. 가다랑어는 꼬챙이에 끼운다. 껍질이 아래로 가게 하여 가운데와 양옆으로 방사선 모양이 되게 끼운다.
   *껍질 쪽으로 조금 치우치게 끼우면 안정적으로 끼워진다.

6. 3개의 꼬챙이 사이로 2개를 더 꽂아 부채 모양이 되게 한다.

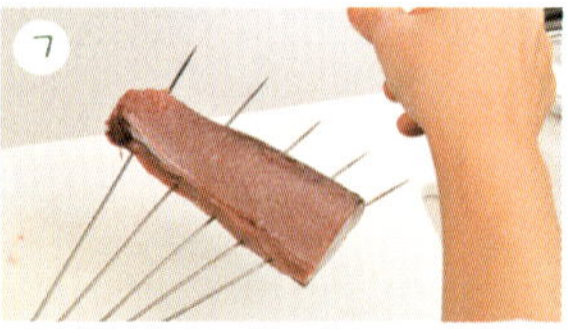

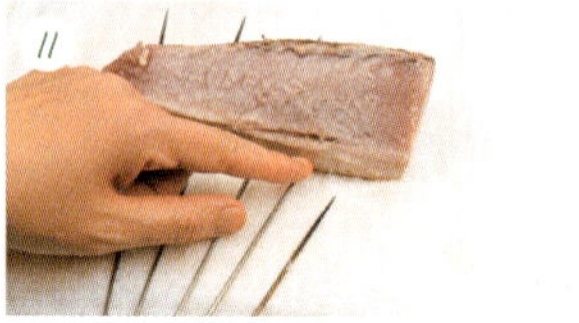

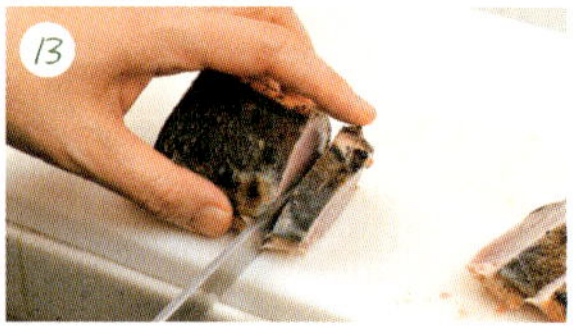

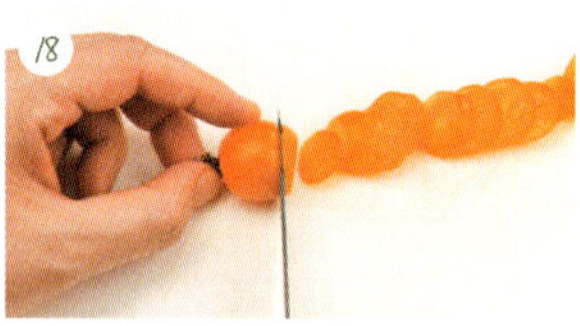

7 가다랑어 양면에 30cm 높이에서 소금을 뿌린다.
***가다랑어가 들어갈 만한 큰 그릇에 얼음물을 준비한다.**

8 불 위 10cm 정도 되는 높이에서 가다랑어 껍질을 2분 정도 굽는다.
껍질이 익으면서 기름이 떨어지고 고소한 냄새가 날 때까지 굽는다.

9 살 쪽으로 뒤집어서 10초 정도 살짝 불을 쪼여 살 색깔이 하얗게 되면 불을 끈다.

10 얼음물에 1~2분 정도 담가 살을 탱탱하게 만든다.

11 식으면 꽉 짠 행주 위에 껍질이 아래로 가게 올려놓고 꼬챙이를 빼낸다.
***손가락으로 지그시 누른 채 꼬챙이를 천천히 돌려가며 빼낸다.**

12 행주로 살을 가볍게 눌러가며 물기를 닦는다.
   *껍질이 쉽게 벗겨지므로 행주에 올려놓은 상태에서 물기를 닦는다.

13 가다랑어 껍질에 0.6cm 간격으로 칼집을 넣고 1.2cm 폭으로 자른다.
   *살 사이에 칼집을 넣으면 양념이 잘 스며든다.

14 가다랑어를 그릇에 담고 ②의 폰즈소스 ½분량을 숟가락으로 떠서 전체에 고루 뿌린다.

15 가다랑어에 폰즈소스가 잘 스며들도록 칼로 가볍게 두드린다.
   *모양이 망가지지 않게 살살 두드린다.

16 랩을 씌우고 냉장고에 10분 정도 넣어 양념이 배어들게 한다.

17 ④의 보라색 양파는 그릇에 담기 직전 체에 받쳐 물기를 뺀다.

18 방울토마토는 꼭지를 떼고 0.5cm 폭으로 둥글게 썬다.
   *칼끝으로 살짝 칼집을 넣은 뒤 썰면 모양이 망가지지 않는다.

19 ③의 생강, 양하, 청차조기는 물기를 완전히 빼고 섞는다.

20 그릇에 ⑰의 보라색 양파와 ⑱의 방울토마토를 올리고 남은 폰즈소스를 끼얹는다.

21 냉장고에 넣어 차갑게 식은 ⑯의 가다랑어를 꺼내어 ⑳의 그릇에 담고 ⑲의 채소를 얹는다.
   껍질의 칼집에 ③의 마늘을 끼워 모양을 낸다.

1 프라이팬을 사용할 때는 껍질을 바삭하게 굽는다
프라이팬을 사용할 경우에는 가다랑어 껍질을 고온의 기름에 튀겨낸 것처럼 바삭하게 구워준다. 이때는 뒤집지 말고 껍질만 노릇하게 굽는다. 프라이팬은 재료가 잘 달라붙지 않는 불소수지가공 소재가 적당하다.

프라이팬에 샐러드유 1작은술을 넣고 센 불로 가열한 뒤 생선을 넣고 프라이팬을 한쪽으로 기울여 노릇하게 굽는다.

생선을 몇 초간 구운 뒤 얼음물에 담갔다가 건져서 물기를 꽉 짠 행주를 씌워 재빨리 식힌다.

2 구이 망을 사용할 때는 노릇하게 굽는다
구이 망을 사용할 때는 껍질이 달라붙지 않도록 망에 샐러드유를 바르고 구워지는 정도를 확인하면서 고온으로 구워야 한다. 굽는 동안 생선 기름이 아래로 떨어질 때 생기는 연기와 열기로 특유의 향이 배어든다. 살이 완전히 익기 전에 구이 망에서 옮겨 식힌다.

가다랑어 껍질을 아래로 가게 하여 구이 망에 올린 뒤 향이 배어들도록 센 불로 굽는다. 도중에 뒤집지 않는다.

가다랑어 5장뜨기

가다랑어는 살이 잘 뭉개지므로 방향을 바꿀 때는 가다랑어를 들어 옮기지 말고 도마째 움직인다.
혈합육은 비린내의 원인이므로 남김없이 제거한다.

01 가슴지느러미와 등 주변에 있는 딱딱한 비늘(모비늘)을 칼로 도려낸다.

02 아가미 아랫살(가맛살) 밑에 사선으로 중간뼈까지 칼집을 넣고 반대쪽에도 칼집을 넣어 대가리를 떼어낸다.

03 항문에서 대가리 쪽으로 칼을 넣어 배를 가르고 내장을 꺼낸다.

04 배를 벌려 안쪽에 붙은 얇은 막을 칼끝으로 찢어 1차로 혈합육을 긁어낸 뒤 물에 넣어 남아 있는 혈합육과 내장을 씻는다.

05 등지느러미 양옆에 'V'자로 칼집을 넣고 끝을 손으로 잡아당겨 등지느러미를 떼어낸다.

06 배에서 꼬리까지 중간뼈 위로 가운데 굵은 뼈에 닿을 정도로 칼집을 넣는다.

07 등도 같은 방법으로 중간뼈 위로 칼집을 넣는다.

08 꼬리살과 가운데 굵은 뼈 사이로 칼집을 넣고 한 손으로 들어 올린 뒤 뼈를 따라 아래로 칼을 움직여 자른다. 도마에 올려놓고 꼬리 부분을 잘라 살을 떼어낸다.

09 중간뼈 밑으로 등과 배 쪽에 칼집을 넣고 ⑧과 같은 방법으로 살을 자른다. 여기까지가 3장뜨기다.

10 세로로 살 가운데를 자르고 잔가시가 있는 살은 얇게 도려낸다. 반대쪽도 같은 방법으로 잔가시를 제거한다.

가다랑어는 요리 방법이 다양하다

가다랑어처럼 살이 부드럽고 넓은 생선은 살이 쉽게 뭉개지기 때문에 5장뜨기가 적당하지만, 크기가 작으면 3장뜨기를 해도 된다. 가다랑어잡이는 일본 고치 현이 유명하며 가쓰오다타키는 이곳 어부들이 해 먹던 요리에서 시작되었다. 선도가 빨리 떨어지는 가다랑어를 신선하게 제맛 그대로 담아내기 위해 탄생한 조리법이다. 바다 냄새를 한껏 머금은 가다랑어의 맛을 가장 잘 살린 요리로, 본고장의 전통 다타키는 짚불을 쪼여가며 구워 짚불의 풍미가 가미된 것이 특징이다. 다타키와 채소를 김으로 말아준 도사마키라는 요리도 있다. 다타키 외에도 고치 현에서만 맛볼 수 있는 요리는 많은데 그중 가다랑어의 배 껍질로 만드는 하란보는 잘 알려지지 않았다. 가다랑어의 여러 부위 중에서 특히 지방이 많은 부위로 소금구이나 훈제를 만들어 먹는다.

고등어초절임&
전어초절임

고등어는 설탕을, 전어는 소금을 사용해 새콤하게 절인 요리.

고등어초절임

2인분
소요 시간 50분
※다시마 불리는 시간, 고등어를 설탕과 소금에 절이는 시간 불포함.

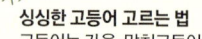

싱싱한 고등어 고르는 법
고등어는 가을, 망치고등어는 초여름이
제철이다. 배가 탱탱하고 만져보았을 때
탄력 있는 것을 고른다.

재료 고등어…1마리(400g), 다시마(5×10cm)…1장, 설탕…75g
소금…70g, A(우스구치 간장…1작은술, 식초…150ml, 물…250ml
설탕…2큰술)

곁들이 경수채…½묶음, 회오리 모양 당근 **p.51의 회오리 모양 무 만들기 참조**…적당량

1. 고등어를 3장뜨기한 뒤 설탕을 뿌려 재운다.
   *먼저 설탕에 재우면 나중에 뿌리는 소금이 필요 이상으로 많이 스며드는 것을 막을 수 있다.

2. 랩을 씌우고 그릇을 한쪽으로 기울여 실온에 40분 정도 둔 뒤 A를 섞고 다시마를 넣어 1시간 동안 실온에서 불린다.

3. 녹지 않은 채 고등어에 붙은 설탕을 물로 씻어 물기를 닦은 뒤 넓은 그릇에 펼치고 소금을 뿌린다.
   살이 두꺼운 부분에는 소금을 많이 뿌려 문지른 뒤 랩을 씌워 실온에 2~3시간 정도 둔다.

4. 고등어의 물기가 빠져나가 살이 단단해졌으면 물로 씻어 소금을 털어내고 물기를 닦는다.
   고등어를 다시 ②의 국물에 담그고 다시마를 올린 뒤 랩을 씌워 실온에 1시간 정도 둔다.

5. 살이 하얗게 변하면 물기를 닦아 채반이나 소쿠리로 옮긴 뒤 그대로 두어 물기를 뺀다.
   얇은 겉껍질은 손으로 벗긴다. 경수채는 대강 썬다.

6. 끝에서부터 0.5cm씩 칼집을 넣고 1cm 폭으로 자른다. 그릇에 경수채와 고등어를 담고 회오리 모양 당근으로 장식한다.

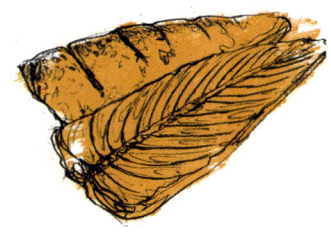

고등어 손질법

비늘을 벗기고 대가리를 자른 뒤 항문으로 칼을 넣어 배를 가르고 내장과 혈합육을 제거한다.

2장뜨기한다.**p.25 참조** 이때 한쪽 살에 붙은 뼈는 3장뜨기 방법으로 제거한다.

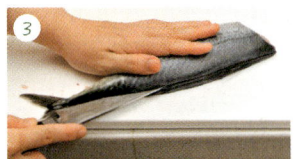

뼈가 붙은 살을 껍질이 위로 가게 놓고 등지느러미의 0.2~0.3cm 위에 칼집을 넣은 뒤 대가리에서 꼬리까지 중간뼈 위로 칼집을 넣는다.

배를 자기 앞으로 오게 놓고 꼬리에서 대가리까지 중간뼈 위에 칼집을 넣는다. 꼬리 쪽 살과 가운데 굵은 뼈 사이에 칼집을 넣은 뒤 꼬리를 손으로 누른 채 대가리 방향으로 뼈를 따라 칼을 움직여 살을 자른다.

갈비뼈를 칼로 떠내듯 도려내어 제거한다.
*고등어는 살이 잘 찢어지므로 살 한가운데를 들거나 여러 번 뒤집지 않도록 한다.

전어초절임

2인분
소요 시간 130분

재료 전어…8마리(400g), 가다랑어포…2g, 참나물…1줌
다시마(5×10cm)…1장, 식초…150ml, 설탕…30g
도사 간장 p.144 참조…적당량

싱싱한 전어 고르는 법
전어에 기름이 오르는 시기는 가을에서
겨울 사이다. 비늘이 단단하게 붙어 있고
겉면에 윤기가 흐르는 것을 고른다.

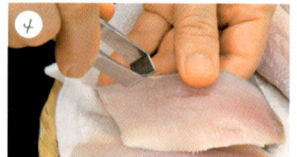

1. 식초와 설탕을 섞고 다시마를 담근 뒤 실온에서 1시간 정도 불린다.

2. 전어는 3장뜨기하여 그릇에 담고 염도 3%의 소금물(분량 외)을 잠길 만큼 부은 뒤 실온에서 30분 정도 절인다.

3. 채반에 행주를 깔고 절인 전어를 겹치지 않도록 올린 뒤 20분 정도 그대로 두어 물기를 뺀다.

4. 살에 남아 있는 잔가시는 핀셋으로 뽑아 제거한다. *소금물에 절이면 살이 단단해져서 잔가시를 뽑을 때 으스러지지 않는다.

5. ①에 손질한 전어를 넣고 다시마를 올린 뒤 공기가 들어가지 않도록 랩을 씌워 실온에서 20분 정도 재운다.

6. 채반에 전어를 올리고 키친타월로 살짝 눌러 물기를 닦은 뒤 껍질 쪽을 위로 가게 놓고 2cm 폭으로 어슷하게 자른다.

7. 볼에 대강 썬 참나물, 가다랑어포, 전어를 넣고 조물조물 무쳐 그릇에 담고 도사 간장을 곁들인다.

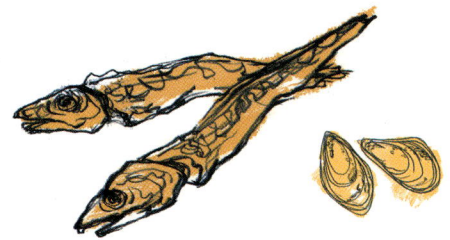

전어 손질법

비늘을 벗기고 대가리를 자른 뒤 배를 오른쪽으로 향하게 놓는다. 항문으로 칼을 넣어 배를 가르고 내장과 혈합육을 제거한다.

물을 담은 볼 안에 전어를 넣고 살살 흔들어 남아 있는 혈합육을 씻은 뒤 행주로 물기를 닦는다. *안쪽에 남아 있는 혈합육은 젓가락으로 긁어 제거한다.

꼬리를 왼쪽으로 놓고 대가리에서 꼬리까지 중간뼈 위로 등과 배 쪽 살을 한 번에 자른다. 꼬리 밑에서 칼날을 위쪽으로 올려 살을 중간뼈에서 자른다.

뼈가 붙은 살을 뒤집은 뒤 등지느러미 위에서 중간뼈 위로 칼을 넣어 꼬리까지 한 번에 살을 자른다.

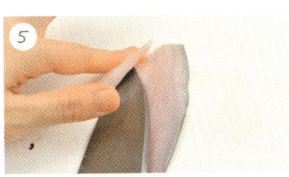

갈비뼈를 칼로 떠내듯 자른다. *한 번에 잘라내기 때문에 중간뼈에 살이 많이 붙어 있다.

식초 제대로 사용하기

식초에는 해산물의 맛을 높여주는 여러 가지 효과가 있다.

생선에 식초를 사용하면 좋은 이유

청어나 민물고기처럼 비린내가 많이 나는 생선은 식초를 사용해 비린내를 제거할 수 있다. 또 식초는 생선의 보존성을 높여주기 때문에 선도가 떨어진 생선에 식초를 사용하면 안전하고 맛있게 먹을 수 있다. 단, 살이 부드러운 흰살 생선은 그대로 초절임하면 살이 다 부서지므로 먼저 다시마물에 담갔다가 식촛물로 씻어서 조리한다.

생선마다 어울리는 식초가 따로 있다

생선에 사용하는 식초는 순한 것보다 산미가 풍부한 것이 적합하므로 쌀식초보다는 곡물식초가 좋다. 또 장기 숙성시킨 흑초나 발사믹식초보다 신맛이 강한 사과식초나 와인식초 등과 궁합이 잘 맞는다.

곡물식초
밀이나 쌀 등의 곡물이 원료로 깔끔한 신맛이 특징이다.

사과식초
사과 과즙을 초산 발효시킨 것으로 상큼한 향과 신맛이 특징이다.

와인식초
와인을 초산 발효시킨 것으로 붉은색과 흰색이 있다. 사진은 레드와인식초다.

말린전갱이구이 &
말린고등어구이

꾸들꾸들 말려 쫀득한 질감의 구이 요리.

말린고등어구이

말린전갱이구이

말린전갱이구이

2인분
소요 시간 90분
※전갱이 말리는 시간 불포함. 말린 생선은 냉장하면 5일, 냉동하면 3주간 보관 가능하다.

재료 전갱이…2마리(300g)

곁들이 무 간 것…적당량, 고이구치 간장…적당량

TIP
싱싱한 전갱이 고르는 법
전갱이는 1년 내내 먹을 수 있지만 제철은
초여름이다. 배 부분이 탄탄한 것을 고른다.

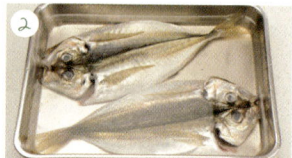

1 　전갱이는 아래 손질법을 참조하여 배를 갈라 씻은 뒤 행주로 물기를 꼼꼼하게 닦는다. 단, 살은 행주로 가볍게 눌러 닦는다.

2 　넓은 그릇에 염도 3%의 소금물(분량 외)을 넣고 전갱이를 담가 1시간 정도 절인다. *짜게 절이고 싶을 때는 염도를 5%로 높인다.

3 　전갱이를 건져 물기를 닦은 뒤 서늘하고 바람이 잘 통하는 장소에서 3시간 정도 말린다.
　*실내에서 말릴 때는 물이 떨어질 수 있으므로 아래에 넓은 그릇을 받쳐놓는다.

4 　전갱이를 만져보아 손에 살이 달라붙지 않는 정도면 적당하다. *선풍기를 틀어놓으면 빨리 말릴 수 있다.

5 　그릴 망에 전갱이 껍질이 아래로 가게 놓고 중간 불에서 5분 정도 굽는다. 양면 그릴인 경우는 껍질을 위로 가게 하여 7~8분 정도 굽는다.

6 　껍질에 희미하게 노릇한 색이 비치면 뒤집어서 속까지 완전히 익고 전체가 노릇해질 때까지 4분 정도 더 굽는다.

7 　뒤집었을 때 탈 수 있는 대가리와 꼬리는 알루미늄 포일로 감싼다. 다 구워지면 그릴에서 꺼내어 그릇에 담은 뒤 무 간 것을 곁들이고 그 위에 간장을 뿌린다.

전갱이 손질법

항문에 칼을 넣고 대가리 쪽으로 칼집을 넣어 배를 가른다. 모비늘은 떼어내지 않아도 된다.

배를 벌리고 꼬리 쪽까지 중간뼈 위 살을 자른 뒤 가운데 굵은 뼈 너머로 칼집을 넣어 등지느러미 앞까지 등 쪽 살을 자른다.

대가리뼈는 딱딱하므로 칼등에 손을 대고 눌러 반으로 자른다. *젖은 행주의 물기를 짜서 바닥에 깔면 안정적으로 자를 수 있다.

내장과 혈합육은 칼로 긁어 제거한다.

내장과 혈합육이 남아 있으면 쓴맛이 나므로 물을 담은 볼 안에 넣고 씻어 완전히 제거한다. 뼈 사이사이는 손가락이나 손톱으로 문질러가며 씻는다.

말린고등어구이

소요 시간 60분
※고등어 절이는 시간, 말리는 시간 불포함. 말린 것은 냉장하면 4일, 냉동하면 3주간 보관 가능하다.

재료 고등어…1마리(400g), 흰깨…조금
A(고이구치 간장…75ml, 미림…90ml, 설탕…1큰술)

곁들이 락교절임(시판)…2개

싱싱한 고등어 고르는 법
고등어는 전체적으로 곧게 쭉 뻗어 있고 등의 무늬가 또렷한 것을 고른다.

1. 고등어는 아래 손질법을 참조하여 3장뜨기한 뒤 염도 3%의 소금물(분량 외)에 3분 정도 담가 비린내를 제거한다.

2. 행주로 고등어의 물기를 닦는다. 그릇에 A를 넣고 섞은 뒤 고등어를 담고 고등어에 밀착되게 랩을 씌워 실온에서 재운다.

3. 재운 지 2시간 뒤에 고등어를 뒤집어 3시간을 더 재운다. 재운 것을 건져서 키친타월로 물기를 살짝 닦아내고 살에 흰깨를 뿌린다.

4. 꼬리 부분에 쇠꼬챙이 2개를 꽂아 통풍이 잘되는 장소에 두고 반나절에서 1일 정도 말린다. *선풍기를 틀어놓으면 더 빨리 마른다.

5. 표면이 꾸덕꾸덕하게 마르면 꼬챙이를 빼낸다. 손으로 들었을 때 살이 늘어지지 않고 형태를 곧게 유지하면 알맞게 마른 것이다.

6. 고등어 껍질이 아래로 가게 하여 구이 망에 올린다. 뚜껑을 덮고 중간 불과 약한 불 사이에서 10분 정도 굽는다. *살이 두꺼운 부분에 열기가 가도록 구이 망을 기울여 굽는다.

7. 껍질이 노릇해지면 뒤집어서 8분 정도 굽는다. 속까지 익으면 그릇에 옮겨 담고 락교절임을 곁들인다.

고등어 손질법

고등어 표면을 칼로 살살 문질러 비늘을 제거한다. 고등어는 비늘이 많지 않지만 등지느러미 주변과 배의 비늘을 꼼꼼하게 제거한다.	가슴지느러미가 몸통에 남아 있도록 배지느러미 옆에서 사선으로 칼집을 넣어 대가리만 자른다.	내장과 혈합육을 남김없이 제거하고 깨끗하게 씻어 2장뜨기한다. p.25 참조	뼈가 붙은 살을 껍질이 위로 가게 놓는다. 등지느러미의 0.2~0.3cm 안쪽으로 칼집을 넣어 중간뼈 위로 살을 떠낸다.	고등어를 3장뜨기한 상태. A에 재워 말리는 것은 중간뼈를 제외한 2장의 살이다.

말린 생선으로 만드는 별미

늘 먹는 생선 요리에 질렸거나 말린 생선이 남았을 때 시도해보자.

말린생선파스타

재료
생선포 찢은 것…1마리 분량, 스파게티니…160g, 경수채…½묶음, 유자후추…½작은술, 양하…1개, 간장…1작은술, 엑스트라 버진 올리브유…2큰술, 소금·후춧가루…조금씩

만드는 법
1 볼에 생선포 찢은 것, 유자후추, 간장, 올리브유를 넣고 섞는다.

2 염도 1%의 소금물(분량 외)에 데친 스파게티니, 먹기 좋게 썬 경수채를 ①에 넣어 섞은 뒤 소금, 후춧가루로 간을 맞춘다.

3 그릇에 담고 양하를 채 썰어 올린다.

말린생선크로켓

재료
생선포 찢은 것…½마리 분량, 토란…2개, 풋콩(삶은 것)…2큰술, 양상추·토마토·박력분·빵가루·달걀물·샐러드유…적당량씩, 소금·후춧가루…조금씩

만드는 법
1 토란은 껍질째 쪄서 거칠게 으깬다.

2 생선포 찢은 것과 풋콩 삶은 것을 ①에 넣어 섞은 뒤 소금, 후춧가루로 간을 맞춘다.

3 ②를 적당한 크기로 뭉쳐 박력분, 달걀물, 빵가루 순으로 묻혀 튀긴다.

4 그릇에 담고 양상추와 토마토를 잘라 곁들인다.

말린생선페이스트

재료
생선포 찢은 것…1마리 분량, 감자…60g, 생크림…2큰술, 마요네즈…40g, 엑스트라 버진 올리브유…1작은술, 마늘…¼쪽, 세르퓌유*·마늘바게트…적당량씩

만드는 법
1 감자는 삶아서 고운체에 내린다.

2 생선포 찢은 것, 생크림, 마요네즈, 올리브유, 다진 마늘을 ①에 넣고 섞어 페이스트를 만든다.

3 먹기 좋게 썬 마늘빵에 페이스트를 올리고 기호에 따라 세르퓌유* 등 허브로 장식한다.

*세르퓌유cerfeuil: 미나리과 식물로 달콤한 향기를 지닌 향신료의 일종이며, 프랑스 요리에 사용한다.

생선을 말리면 여러 가지 장점이 있다

처음에는 선도가 금방 낮아지는 생선을 장기간 보관하기 위해 생선을 말리기 시작했는데 이는 신선한 생선을 구하기 어려운 내륙 사람들이 단백질을 섭취할 수 있는 요긴한 방법이었다. 생선을 말리면 물기가 날아가 잘 썩지 않으며 아미노산 등의 감칠맛 성분이 응축된다. 옥돔처럼 물기가 많은 생선은 말려서 살을 단단하게 만들면 더욱 맛있게 먹을 수 있다. 요즘은 냉장고 사용 등으로 식품 보관 환경이 좋아져서 하룻밤 정도만 말려 완전히 건조시키지 않고 요리하는 경우가 많다.
소금에 절이거나 간장 같은 조미료에 담갔다가 말려 간이 되어 있는 생선은 요리하기 편하며 뼈를 제거하고 손으로 잘게 찢어서 사용한다. 간이 되어 있으므로 조미료는 더 넣지 않아도 된다.

샛줄멸 인기 메뉴

샛줄멸회 &
샛줄멸튀김

맛도 모양도 매력적인 샛줄멸 요리.

샛줄멸튀김

샛줄멸회

샛줄멸회

2인분
소요 시간 40분

재료 샛줄멸…20마리(200g)

생강간장 생강…6g, 고이구치 간장…1큰술

곁들이 반대해*…1개, 꼬시래기…15g, 오이…50g, 소국…1송이 *반대해: 중국이 산지인 벽오동과 반대해나무의 열매.

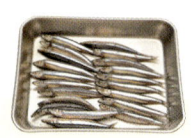

싱싱한 샛줄멸 고르는 법
샛줄멸은 겨울에서 봄이 제철이다.
빨갛고 탁한 것은 피하다.

1. 샛줄멸은 신선도를 유지하기 위해 염도 1%의 얼음물(분량 외)에 담가 냉장고에 넣어둔다.

2. 반대해는 물에 담가 불린다. 생강을 다진 뒤 즙을 내어 간장과 섞는다. 즙을 짜낸 생강은 남겨둔다.

3. 반대해 씨를 제거하고 키친타월로 싼 뒤 꽉 짜서 물기를 완전히 빼낸다.

4. 꼬시래기는 물을 가득 담은 볼에 담근 뒤 물을 여러 번 갈아 소금기를 뺀다. 맛을 봐서 소금기가 먹기 좋게 빠졌으면 물기를 빼고 대강 썰어놓는다.

5. 오이는 껍질을 벗기고 얇게 돌려깎기해서 5~6cm 길이로 자른 뒤 여러 장을 겹쳐 채 썬다.

6. 샛줄멸은 아래 손질법을 참조하여 3장뜨기한다. 볼 위에 채반을 올리고 키친타월을 깔아 샛줄멸을 늘어놓는다. 샛줄멸의 물기가 빠지면 냉장고에 10분 정도 넣어 차갑게 한다.

7. 그릇에 ④의 꼬시래기, ⑤의 오이채를 깐다. 샛줄멸은 껍질이 보이게 구부려 담는다. ③의 반대해, 소국, 생강을 올려 장식하고 생강간장을 곁들인다.

샛줄멸 손질법

표면을 칼끝으로 가볍게 문질러 이물질과 점액을 제거한다. 대가리를 떼어낸 뒤 항문에서 대가리 쪽으로 칼집을 넣어 배를 가르고 내장을 꺼낸다.

물로 배 속을 씻어 물기를 닦고 대가리가 오른쪽으로 향하게 놓는다. 대가리에서 중간뼈 위로 칼을 넣어 한 번에 살을 포 뜬다.

뒤집어서 반대쪽 살도 같은 방법으로 중간뼈 위 살을 포 뜬다. **한 번에 살을 포 뜨기 때문에 중간뼈에 살이 많이 붙어 있다.

샛줄멸을 3장뜨기한 상태. 다른 샛줄멸도 같은 방법으로 3장뜨기한다. **중간뼈는 남아 있는 내장을 제거하고 튀겨 먹어도 된다.

포를 뜬 살은 바로 찬물로 씻는다. 염도 2%의 차가운 소금물(분량 외)에 2~3분 정도 담근다. **소금물에 담그면 살이 팽팽해져 먹을 때 쫄깃하다.

100

샛줄멸튀김

2인분
소요 시간 20분

재료 샛줄멸…20마리(200g), 술…1작은술, 고이구치 간장…1작은술, 녹말가루…2큰술, 샐러드유…적당량, 소금…약간

곁들이 꽈리고추…4개, 레몬(반달썰기한 것)…적당량

1 샛줄멸은 아래를 참조하여 손질한다. 넓은 그릇에 샛줄멸, 술, 간장을 넣고 버무려 밑간한 뒤 간장 색이 살에 배면 물기를 닦는다.

2 샛줄멸에 녹말가루를 묻혀 체에 담고 쳐서 여분의 가루는 털어낸다. *녹말가루를 묻혀 튀기면 바삭바삭하다.

3 꽈리고추는 꼭지를 조금 남기고 자른 뒤 부풀어 찢어지지 않도록 칼끝으로 2~3군데 칼집을 넣는다.

4 170℃로 가열한 기름에 꽈리고추를 넣고 1~2분 정도 튀긴다. 꽈리고추가 떠오르면 망으로 건져 기름기를 빼고 소금을 묻힌다.

5 기름 온도를 180℃로 올리고 샛줄멸을 1마리씩 넣는다. 서로 달라붙으면 젓가락으로 떨어뜨려가며 기름의 거품이 없어질 때까지 기다린다.

6 샛줄멸을 망으로 건졌다가 곧바로 기름 속에 넣기를 5~6회 정도 반복한다. *튀기는 도중 여러 번 공기에 닿게 하면 바삭바삭하게 튀겨진다.

7 노릇하게 튀겨지면 기름에서 건진 뒤 키친타월을 깐 그릇으로 옮겨 기름기를 뺀다. 얇은 종이를 깐 그릇에 샛줄멸튀김을 담고 꽈리고추튀김과 레몬을 곁들인다.

²샛줄멸 손질법

샛줄멸을 그릇에 담고 소금 ½ 작은술을 뿌린 뒤 손으로 살살 주물러 표면의 이물질과 점액을 닦는다.

흐르는 물에 씻은 뒤 행주로 물기를 완전히 닦는다.

색다른 샛줄멸 요리

향긋하고 고소한 샛줄멸카레튀김

샛줄멸을 씻어 물기를 닦고 카레가루와 녹말가루를 고루 묻힌 뒤 샛줄멸튀김 만들기 과정 ⑤~⑦처럼 튀긴다.

카레가루가 샛줄멸 몸 전체에 붙도록 꼼꼼하게 묻힌다.

전갱이난방즈케*

전갱이를 이용한 독특한 절임 요리.

*난방즈케: 난방은 원래 중국의 옛말로 '남쪽 야만인'이란 뜻이며 남쪽에 사는 이민족을 업신여기는
말이었다. 하지만 일본에서는 '외국에서 들어온 새로운 것, 진귀한 것'이라는 의미로 쓰인다. 특히
16세기 중반 포르투갈과 스페인, 동남아시아 등에서 들어온 문물과 문화를 '난방풍'이라고 불렀다.
난방즈케도 당시 일본에서는 일반적인 식품이 아니었던 기름으로 튀기거나 고추를 넣어 조리한
요리에 붙여진 이름이라고 한다. 만드는 방법은 먼저 식초, 간장, 설탕 등을 섞어서 절임물을 만든 뒤
여기에 튀기거나 소금구이한 생선, 잘게 썬 파나 양파 등의 채소를 함께 넣어 절이는 것이다.

전갱이난방즈케

2인분
소요 시간 40분
※전갱이 절이는 시간 불포함.

재료 전갱이(소)…10마리(250g), 양파…40g, 당근…30g, 노랑 파프리카…30g, 새송이버섯…30g, 사과…30g
아스파라거스…2줄기(80g), 생강…7g, 박력분…적당량, 홍고추…1개, 샐러드유…½큰술, 식용유…적당량

소스 치킨부용…4큰술, 사과식초…4큰술, 벌꿀…2큰술, 소금…½작은술, 후춧가루…조금

싱싱한 전갱이 고르는 법
전갱이는 1년 내내 구할 수 있지만 전갱이
새끼는 여름이 제철이다. 눈이 검고 투명하며
하얗게 탁해지지 않은 것을 고른다.

1. 양파, 당근, 노랑 파프리카, 새송이버섯, 사과, 생강은 가늘게 채 썬다. 홍고추는 물에 담가 씨를 빼고 고리 모양으로 송송 썬다.

2. 전갱이를 손질한다.p.105 참조 전갱이 표면에 박력분을 고루 묻히고 여분의 가루는 털어낸다.

3. 180℃로 가열한 기름에 전갱이를 넣고 튀긴다. *큰 것부터 꼬리를 잡고 가만히 넣는다.

4. 뼈도 먹을 수 있도록 7~8분 정도 바삭 튀긴다. 처음에는 물기가 많아 기름이 튀므로 주의한다.
   *프라이팬 망으로 덮어 기름이 밖으로 튀는 것을 막는다.

5. 기름에 거품이 없어지고 망으로 전갱이를 건져봐서 가벼우면 속까지 잘 튀겨진 것이다.
   튀긴 전갱이는 기름을 빼서 다른 그릇에 옮긴다.

6. 프라이팬에 샐러드유와 생강을 넣고 생강 향이 날 때까지 약한 불에서 볶는다.

ㄱ　중간 불로 놓고 ①의 양파를 넣어 볶다가 양파가 살짝 익으면 당근과 노랑 파프리카를 넣고 볶는다.

ㄱ　채소의 숨이 죽으면 새송이버섯과 사과를 넣고 색깔이 살짝 바뀔 때까지 볶는다.

ㅇ　사과에서 나오는 물기로 채소가 나긋나긋해지면 소스 재료를 전부 넣고 섞는다.

ㅇ　①의 홍고추를 넣는다. 전갱이보다 먼저 넣으면 국물 전체가 먹기 좋게 칼칼해진다.

ㅣㅣ　중간 불을 유지하면서 한소끔 끓여 ⑤의 막 튀긴 전갱이를 넣는다. 전갱이가 뜨거울 때 넣으면 양념 맛이 속까지 배어든다.

ㅣ2　프라이팬 속 재료들을 뒤집고 끓어오르면 불을 끈다. *전갱이 모양이 망가지지 않도록 떠서 뒤집는다.

ㅣ3　프라이팬 속 재료들을 국물까지 내열 용기로 옮긴다.

ㅣ4　전갱이끼리 서로 겹치지 않도록 놓고 사이사이에 채소를 끼워 넣는다. 실온에 그대로 30분 이상 두어 양념이 배도록 한다.

ㅣ5　15분 정도 지나 전갱이를 뒤집는다.
　　*보관할 경우에는 밀폐용기로 옮긴다. 냉장고에서 3~4일 정도 보관할 수 있다. 먹기 직전 실온에 꺼내놓는다.

ㅣ6　아스파라거스는 마디에 있는 껍질을 제거하고 필러로 껍질을 얇게 벗겨 밑동을 자른 뒤 4~5cm 길이로 어슷하게 썬다.

ㅣㄱ　염도 1%의 팔팔 끓는 소금물(분량 외)에 아스파라거스를 넣고 20초 정도 데친 뒤 채반으로 옮겨 식힌다.

ㅣ8　⑤의 전갱이와 아스파라거스를 먹기 직전에 슬쩍 버무린다.
　　*아스파라거스가 식초에 닿으면 색깔이 변하므로 먹기 직전에 버무린다.

ㅣ9　그릇에 담기 직전에 전갱이에 국물을 묻혀 양념 맛을 들인 뒤 채소와 함께 담는다.

전갱이 손질법

그릇에 담을 때 바닥에 닿는 쪽 배에 2~3cm 정도 칼집을 넣는다. *모비늘은 떼지 않아도 된다.

아가미뚜껑을 벌리고 아가미를 잡아당겨 내장까지 빼낸다. 배에 넣은 칼집을 통해 남아 있는 내장을 마저 빼낸다. *턱이 빠지지 않도록 주의한다.

물을 담은 볼에 전갱이를 넣고 배 속에 남아 있는 내장과 혈합육을 긁어 제거한다.

나머지 전갱이도 같은 방법으로 손질하여 행주로 살살 물기를 닦는다.

전갱이를 넓은 그릇에 펼쳐놓고 소금 2꼬집을 뿌린다. 전갱이를 뒤집고 다시 소금을 뿌려 밑간을 한다.

전갱이를 튀겼더니 대가리가 등 쪽으로 꺾였다!
전갱이를 손질하면서 아가미뚜껑으로 내장을 꺼낼 때 턱이 빠졌기 때문에 튀길 때 대가리가 등 쪽으로 휘어져 모양이 흉하게 된 것이다.

내장을 꺼낼 때는 대가리를 손으로 눌러 턱이 빠지지 않도록 한다.

연어술지게미 된장탕

연어 서덜을 넣어 몸속까지 따뜻해지는 영양 만점 냄비 요리.

연어술지게미된장탕

싱싱한 연어 고르는 법①
연어의 제철은 가을이다. 연어 토막은 살
사이사이에 있는 흰 줄이 또렷한 것을 고른다.

2인분
소요 시간 100분
※연어 포 뜨는 시간, 다시마 불리는 시간 불포함.
연어 대가리는 특유의 냄새가 강하므로 빼도 된다.

재료 연어…4토막(300g), 연어 서덜…1마리 분량(500g), 다시마(5×10cm)…1장, 물…1.5ℓ, 감자…2개(200g)
우엉…100g, 무…100g, 당근…½개(100g), 대파…1줄기(60g), 미나리…½줌, 유부…1장, 만가닥버섯…80g, 실곤약…150g

술지게미된장 술지게미…150g, 백된장(시로미소)*…4큰술, 술…½컵(100ml), 우스구치 간장*…1큰술
*백된장(시로미소): 콩보다 쌀누룩을 많이 넣어 만든 흰 된장. 단맛이 강하며 부드러운 풍미를 가지고 있다.
*우스구치 간장: 염도 20% 정도의 색이 연한 간장.

1. 다시마는 행주로 표면의 불순물을 닦고 물에 1시간 이상 담가 다시마물을 만든다.
   *다시마 표면의 흰 가루인 만니톨mannitol은 국물 맛을 깊게 하는 성분이므로 그대로 둔다.

2. 연어는 3장뜨기한다. p.109 참조. 대가리는 앞니 사이에 칼을 넣고 턱의 연결 부분까지 이어서 반으로 자른다.

3. 대가리에서 아가미 아랫살과 아가미를 자른다. 뼈가 단단한 부분은 안쪽에서 자른다. 남아 있는 부분은 3등분한다.

4. 연어 서덜을 볼에 넣고 80℃의 뜨거운 물을 부어 냄새를 제거한다. 살의 색이 변하면 찬물에 넣어 식힌 뒤 비늘과 혈합육을 제거한다.

5. 중간뼈는 5cm 폭으로 자른다.

6. 넓은 그릇에 연어 토막과 중간뼈를 올리고 30cm 위에서 소금(분량 외)을 뿌려 15분 정도 절인 뒤 그릇을 기울여 여분의 물기를 뺀다.
   절인 중간뼈와 연어 토막은 물로 씻은 뒤 물기를 닦는다.

┐   감자는 껍질을 벗겨 4등분한 뒤 물에 담근다. 우엉은 솔로 문질러 흙을 털고 1cm 폭으로 어슷하게 썬 뒤 식촛물(분량 외)에
    담근다.

8   무와 당근은 먹기 좋게 썰고, 실곤약과 미나리는 3cm 길이로 썰고, 유부는 4~5cm 길이에 2cm 폭의 막대 모양으로 썰고, 파는
    어슷하게 썬다. 만가닥버섯은 밑동을 자르고 가닥을 떼어낸다.

9   뚝배기에 ①의 다시마물을 붓고 우엉, 무, 당근, 연어 대가리를 넣어 끓인다. 국물이 끓어오르면 약한 불로 줄이고 거품을
    건지면서 10분 정도 끓인다.

10   볼에 술지게미, 백된장, 술, 간장을 넣고 섞는다.
    *술지게미가 딱딱하게 굳어 있을 때는 술과 간장을 부어 잠시 두었다가 섞는다.

11   크림 상태가 될 때까지 나무 주걱으로 고루 섞어 술지게미된장을 완성한다.
    *어느 정도 풀어진 뒤에 거품기로 저어주면 부드럽게 고루 섞인다.

12   국물 위로 떠오르는 거품을 건진다. *연어 대가리에서 거품이 많이 나온다.

13   ⑥의 중간뼈, ⑦의 감자를 넣고 20분 정도 끓인다. 이때도 거품이 생기면 중간 중간 건진다.

14   감자에 꼬챙이를 찔러서 쑥 들어가면 거의 다 익은 것이므로 ⑪의 술지게미된장을 국물에 넣고 풀어준다.

15   유부, 대파, 만가닥버섯, 실곤약, 연어 토막을 넣고 5~6분 정도 끓인다.

16   마지막에 미나리를 넣고 미나리 색이 변하지 않을 정도로 살짝 끓인다.

연어 손질법

가슴지느러미를 들어 올리고 아가미 아랫살 옆 사선으로 중간뼈 깊이까지 칼집을 넣는다.

뒤집어서 반대쪽도 아가미 아랫살 옆과 대가리 위쪽으로 칼집을 넣어 대가리를 떼어낸다.

항문에서 대가리 쪽으로 칼을 넣고 배를 갈라 내장이 터지지 않도록 꺼낸다. 사진의 붉은 부분은 연어알이다. *연어알은 따로 요리에 사용한다.p.263 참조

살을 들어 올리고 안쪽의 얇은 막을 칼끝으로 찢어 혈합육을 긁어낸다. 꼬리까지 중간뼈 위로 칼집을 넣는다.

방향을 바꿔서 등지느러미를 자기 앞으로 놓은 뒤 등지느러미 안쪽으로 꼬리부터 대가리 쪽까지 중간뼈 위로 칼집을 넣는다. 꼬리 양쪽의 살을 잡고 가운데 굵은 뼈 위로 칼을 넣은 뒤 꼬리 쪽으로 움직여 자른다.

자른 꼬리 쪽에 칼을 눕혀 넣고 대가리 쪽으로 움직여 살을 떼어낸다. 연어는 살이 쉽게 뭉개지는 생선이므로 살을 세게 쥐고 들어 올리거나 같은 곳에 여러 번 칼을 넣지 않도록 주의한다.

중간뼈와 그 아래 꼬리 쪽 살 사이에 칼을 넣고 꼬리를 들어 올리면서 칼로 중간뼈를 떼어내듯 살에서 도려낸다.

아가미 아랫살 등 쪽에 뼈가 남아 있으므로 지느러미와 함께 자른다. *연어는 뼈가 이어져 있지 않아 한꺼번에 잘라낼 수 없다.

갈비뼈는 얇게 도려내고 잔가시는 조리용 핀셋으로 뽑는다. *잔가시를 뽑을 때는 살이 뭉개지지 않도록 대가리에서 꼬리 쪽으로 가만히 잡아당겨 뽑는다.

연어를 3장뜨기한 상태. 술지게미된장당에는 대가리, 중간뼈, 5cm 폭으로 자른 살을 사용한다.

찬찬야키* (연어철판볶음)

*찬찬야키: 연어와 각종 채소를 철판에 볶아 된장과 버터로 맛을 낸 요리.

2인분
소요 시간 40분

재료 연어…1토막(400g), 양배추…¼통(100g), 양파…½개(100g)
감자…1개(100g), 당근…½개(80g), 아스파라거스…2줄기(80g)
쪽파…4줄기, 잎새버섯…80g, 옥수수 통조림…80g, 버터…3큰술
소금 · 후춧가루…적당량씩

된장소스 백된장…120g, 술…60ml, 설탕…10g

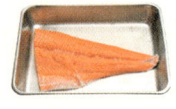

싱싱한 연어 고르는 법②
껍질은 은빛이 나고 살은 선명한
분홍색인 것을 고른다.

1 연어 토막에 비늘이 붙어 있으면 제거한 뒤 30cm 위에서 소금 2꼬집, 후춧가루 1꼬집을 뿌려 밑간한다.

2 감자는 껍질을 벗기고 0.8cm 두께로 반달썰기하여 물에 담근다.
   *물에 담그면 변색을 막을 수 있고 녹말기가 빠져 구울 때 달라붙지 않는다.

3 아스파라거스는 마디 부분의 껍질을 얇게 도려낸다. *도려낸 자리에 연한 연두색이 보일 정도로 얇게 벗긴다.

4 아스파라거스는 5cm 길이로 어슷하게 썬다.

5 양배추는 5cm 크기로 썩둑썩둑 썰어 씻은 뒤 물기를 뺀다. *익으면 숨이 죽어 크기가 줄어들므로 큼직하게 썬다.

6 잎새버섯은 밑동을 자르고 가닥을 찢는다. *전기 팬을 200℃로 예열한다.

7 양파는 결을 따라 빗 모양으로 썰고 당근은 반달썰기한다. 쪽파는 3cm 길이로 어슷하게 썬다.
   *손질한 채소를 넓은 그릇에 모아놓으면 작업하기가 편하다.

8 달궈진 전기 팬에 버터를 넣고 바닥 전체에 고루 퍼지도록 녹인다.

9   버터 색이 진해지고 향이 돌면 팬 가운데에 ①의 연어를 껍질이 바닥으로 가도록 해서 올린다.

10 연어 주변으로 감자와 당근을 띄엄띄엄 올린다.

11 뚜껑을 덮고 180℃로 낮춰 5분 정도 익힌다.

12 백된장과 설탕을 넣고 술을 여러 번 나눠 부은 뒤 고무 주걱으로 갠다.

13 백된장이 부드럽게 풀리면 거품기로 크림 상태가 될 때까지 젓는다.

14 ⑪의 뚜껑을 열고 감자와 당근을 뒤집는다. *연어는 뒤집지 말고 그대로 둔다.

15 연어가 안 보이도록 양배추, 양파, 아스파라거스, 잎새버섯, 옥수수를 올려 전체를 덮은 뒤 뚜껑을 덮고 5분 정도 굽는다.

16 채소의 숨이 죽으면 뚜껑을 열고 연어 위의 채소를 주변으로 옮긴다. *연어가 덜 익었으면 다시 뚜껑을 덮고 익힌다.

17 ⑬의 된장소스를 채소에 뿌린 뒤 온도를 200℃로 올리고 볶는다.

18 된장소스가 고루 배도록 채소를 섞어가며 볶는다. *전기 팬 전체에 펼치며 볶아 노릇하게 색을 낸다.

19 고무 주걱으로 익은 연어를 큼직하게 자른다. 쪽파를 넣고 숨이 죽지 않도록 전체를 가볍게 섞는다.
    맛을 봐서 싱거우면 소금과 후춧가루로 간을 맞춘다.

20 완성된 요리를 그릇에 옮긴다.

정어리 인기 메뉴

정어리
쓰미레* 지루 <small>(정어리완자탕)</small>

정어리 살이 씹힐 정도로 거칠게 으깨서 만든 완자를 넣은 탕요리.

*쓰미레: 생선살을 으깨어 밀가루, 소금, 달걀 등을 섞은 뒤 동그랗게 뭉쳐서 삶거나 찐 음식.

정어리쓰미레지루 (정어리완자탕)

2인분
소요 시간 40분

재료 정어리…2마리(200g), 대파(흰 부분)…¼줄기, 생강…10g
청차조기잎…2장, 혼합된장…1큰술, 녹말가루…½큰술

국물 맛국물…3컵(600ml), 술…½작은술
우스구치 간장…½작은술, 소금…⅓작은술

건더기 만가닥버섯(또는 애느타리버섯)…40g
밀기울…6개(30g), 참나물…4줄기

싱싱한 정어리 고르는 법
정어리의 제철은 초여름이다. 몸통이 푸르게
빛나는 것을 고르고 눈이 빨간 것은 피한다.

1. 대파, 생강, 청차조기는 다진다. 다진 청차조기는 물에 담가 떫은맛을 제거하고 물기를 뺀다.

2. 정어리는 손으로 뼈를 발라내고 p.115 참조 껍질을 벗긴 뒤 사방 0.5cm 크기로 잘게 자른다.
   *너무 잘게 자르면 서로 달라붙으므로 주의한다.

3. 정어리를 도마에 펴놓고 혼합된장과 ①의 재료들을 얹은 뒤 칼로 두드려 섞는다.

4. 중간에 뒤집어 위아래를 섞는다. 고루 섞이면 녹말가루를 넣고 다시 한 번 섞는다.
   *녹말가루를 넣으면 익혔을 때 모양이 흐트러지지 않는다.

5. 사진과 같은 상태가 될 때까지 자르듯 섞어 반죽을 만든다.
   너무 잘게 다지거나 세게 치대면 씹는 맛이 없어지므로 적당하게 조절한다.

6. 만가닥버섯은 밑동을 잘라 가닥을 나누고 큰 것은 먹기 좋은 크기로 자른다. 참나물은 3cm 길이로 썩둑썩둑 자른다.

ㄱ 냄비에 국물 재료를 전부 넣고 센 불로 끓이다가 팔팔 끓어오르면 약한 불로 줄인다.

8 ⑤의 생선 반죽을 손에 쥐고 엄지와 검지로 고리를 만들어 그 사이로 내보낸 뒤 숟가락으로 떼서 완자 모양으로 다듬는다.

9 ⑦의 끓는 국물에 ⑧의 완자를 넣고 약한 불에서 3분 정도 끓인다.
   냄비 표면에 거품이 생기면 국자로 건진다.

10 ⑥의 만가닥버섯과 밀기울을 넣고 한소끔 끓인다.

11 완성 직전 참나물 ½분량을 넣어 색이 변하지 않을 정도로 잠깐 익힌 뒤 그릇에 옮겨 담고
   나머지 참나물을 올려 장식한다.

정어리 손질법

대가리를 손으로 누른 채 칼을 꼬리에서 대가리 쪽으로 움직여 비늘을 벗긴 뒤 대가리를 똑바로 자른다.

배 속에 잔가시가 많으므로 가르지 말고 배 쪽살을 0.5cm 폭으로 자른 뒤 칼로 내장과 혈합육을 긁어낸다.

물을 담은 볼에 정어리를 넣고 배 속을 1차 씻은 뒤 배 속에 손가락을 넣고 문질러 남아 있는 내장과 혈합육을 깨끗하게 제거한다.

행주로 표면과 배 속의 물기를 닦는다. *정어리는 살이 연해 쉽게 으깨지므로 살살 닦는다.

잘린 뱃살 사이로 검지를 넣고 중간뼈를 따라 꼬리까지 살을 벌린 뒤 손가락을 가운데 굵은 뼈 너머로 밀어 넣어 등 쪽 살도 떼어낸다.

꼬리 부분의 뼈를 꺾어 꼬리 쪽 중간뼈를 들어 올린 뒤 중간뼈와 살 사이에 손가락을 넣고 뼈를 따라 움직여 살을 분리한다.

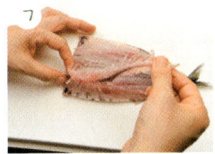

배 근처의 잔가시들은 살이 붙어 있지 않도록 손으로 집고 살을 긁어서 떼어내야 한다. *중간뼈를 천천히 들어 올리면 잔가시가 살에서 떨어진다.

잔가시를 다 제거하면 칼로 꼬리를 자른다. *살 바로 아래까지 바싹 자른다. 단, 빵가루를 묻혀 튀길 경우에는 꼬리를 자르지 않는다.

생선을 뒤집어 껍질이 위를 향하게 놓고 살을 2장으로 분리하여 등지느러미를 자른다.

껍질이 바닥에 닿게 놓고 꼬리 쪽 껍질과 살 사이에 칼집을 넣는다. 칼등을 껍질에 수직으로 올리고 대가리 쪽으로 밀어 껍질을 벗긴다. p.26 참조

색다른 정어리 요리

정어리버거

재료(2인분)
정어리 반죽 p.113의 ⑤까지 마친 것…120g, 샐러드유…적당량, 아스파라거스… 2줄기(80g), 청차조기잎…1장

만드는 법
1 반죽을 2등분하여 손에 샐러드유를 살짝 바르고 작은 타원형으로 뭉친다.
2 표면에 격자무늬를 넣는다.
3 아스파라거스는 어슷하게 2등분한다.
4 그릴 바닥에 알루미늄 포일을 깔고 그릴 망에 샐러드유를 바른다.
5 그릴에 ②의 정어리 반죽과 아스파라거스를 올리고 5분 정도 굽는다.
6 뒤집어서 양면이 노릇해질 때까지 4분 정도 구워 정어리버거를 완성한다.
7 그릇에 청차조기잎을 깔고 정어리버거를 담은 뒤 아스파라거스를 곁들인다.

TIP 프라이팬에 굽는 경우 샐러드유 1작은술을 두르고 가열하여 격자무늬를 낸 면, 반대면 순으로 각각 3분 정도 굽는다.

구웠을 때 격자무늬가 잘 드러나도록 속까지 뚜렷하게 무늬를 넣는다.

참치 인기 메뉴

참치턱살
소금구이

기름이 잔뜩 오른 참치턱살의 담백한 맛을
그대로 즐기는 구이 요리.

참치턱살소금구이

2인분
소요 시간 40분

재료 참치턱살…1토막(450g), 소금…1작은술, 샐러드유…적당량

곁들이 무 간 것…적당량, 고이구치 간장…적당량, 라임…½개, 조릿댓잎…1장

싱싱한 참치 고르는 법①
살이 선명한 붉은색인 것을 고른다.

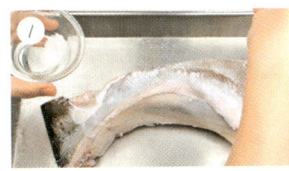

1. 참치턱살은 겉면을 씻어 물기를 닦은 뒤 양면에 소금을 뿌려 밑간한다.
   *냉동인 경우 솔로 문지른 뒤 냉장실에서 해동하여 사용한다.

2. 키친타월에 샐러드유를 묻혀 오븐용 그릴에 바른다. ***오븐은 180℃로 예열한다.**

3. 그릴 망에 참치턱살 껍질이 아래로 가게 놓고 180℃에서 30분 정도 굽는다. 노릇하게 구워지면 뒤집는다.

4. 다 구워진 상태. 살이 맛있게 눋고 턱살에서 기름이 자르르 배어나오면 알맞게 익은 것이다.

5. 살이 두꺼운 부분에 쇠꼬챙이를 깊게 찔러 약 3초 뒤에 뺀다. 쇠꼬챙이가 뜨거우면 속까지 잘 익은 것이다.

6. 그릇에 조릿댓잎을 깔고 구운 참치턱살을 담는다. 옆에 무 간 것을 모양내어 쌓고 간장을 끼얹는다. 라임을 곁들인다.

일반 그릴에 구울 때
불길이 생선 전체에 고루 미치도록
위치를 바꿔가며 40분 정도
굽는다. 알루미늄 포일을 씌워
구우면 빨리 익는다.

PLUS MENU

참치턱살오향장구이

2인분
소요 시간 50분

재료 참치턱살…1토막(450g), 소금…2꼬집, 샐러드유…적당량

양념장 감면장…1작은술, 술…1큰술, 고이구치 간장…3큰술
달걀흰자(곱게 푼 것)…1큰술, 오향가루…¼작은술, 설탕…1큰술
소금 · 후춧가루…적당량씩

곁들이 숙주…100g, 토마토…1개(200g), 고수…1줄기

싱싱한 참치 고르는 법②
냉동 참치턱살은 상처가 없고 기름이 산화되어
연갈색을 띠지 않은 것을 고른다.

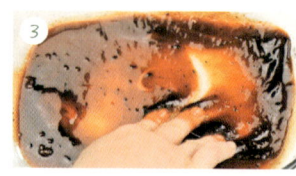

1. 참치턱살에 이물질이 붙어 있으면 깨끗이 씻은 뒤 양면에 소금을 뿌린다. ***냉동 참치턱살은 냉장실에서 해동하여 사용한다.**

2. 넓은 그릇에 양념장 재료를 전부 넣는다.

3. 재료가 잘 어우러지도록 손으로 저어 섞는다.

4. ①의 참치턱살을 양념장에 넣고 뒤집어가며 고루 묻혀 실온에서 10분 정도 재운다. 오븐은 180℃로 예열한다.

5. 오븐 팬에 물을 넣는다. ***굽는 도중 양념장이 아래로 떨어져 생기는 연기로 인해 살이 타는 것을 방지한다.**

6. 그릴에 샐러드유를 엷게 바르고 ④의 참치턱살을 껍질이 아래로 가게 놓은 뒤 오븐에 넣고 180℃에서 15분 정도 굽는다.

7. 구운 참치턱살을 오븐에서 꺼내어 처음의 양념장 그릇으로 옮긴다. 양념장을 숟가락으로 떠서 참치턱살 위에 뿌려 다시 한 번 재운다.

8. 참치턱살을 그릴에 올려 다시 오븐에 넣고 180℃에서 15분 정도 굽는다. ***오븐 팬의 물이 줄어들었으면 더 붓는다.**

9. 숙주는 뿌리 끝과 대가리를 떼어낸 뒤 염도 1%의 끓는 물에 넣고 10초 동안 데친다. 토마토는 꼭지를 떼고 얇게 자른다.

10. ⑧의 참치턱살에 쇠꼬챙이를 깊게 찔러 약 3초 뒤에 뺐을 때 쇠꼬챙이가 뜨거우면 속까지 잘 익은 것이다.
    구운 참치턱살, 숙주와 토마토를 함께 담고 고수로 장식한다.

양념참치와 전갱이 나메로우

전갱이
나메로우

양념참치

2인분
소요 시간 30분

재료 참치(횟감)…200g

양념장 술…2큰술, 미림…2큰술, 고이구치 간장…4큰술
고추냉이…1작은술
참치구이 양념참치…위의 양념참치 ½분량, 참기름…1큰술
흰깨…½큰술, 후춧가루…조금

곁들이 청차조기꽃대·대파(흰 부분)·실고추…적당량씩

TIP
싱싱한 참치 고르는 법③
참치 덩어리는 물기가 없는 것이
좋다. 검은빛을 띤 것은 피한다.

1. 냄비에 술을 넣고 중간 불로 가열하여 니키리자케를 만든다.
    *냄비를 기울였을 때 불이 붙지 않으면 알코올이 날아간 것이다. 미림도 같은 방법으로 니키리미림을 만든다.

2. 볼에 니키리자케와 니키리미림을 1큰술씩 넣고 볼째 얼음물이 담긴 넓은 볼에 넣어 식힌 뒤 고이구치 간장과 고추냉이를 섞어 양념장을 만든다.

3. 참치를 도마에 올리고 껍질을 칼로 도려낸다.

4. 그릇에 참치와 ②의 양념장 ½분량을 넣고 참치를 뒤집어가며 양념장을 고루 묻힌 뒤 랩을 씌우고 냉장고에 넣어 10분 정도 재운다.

5. 양념장에 재운 참치 중 ½분량을 꺼내어 두께 1cm, 사방 1cm 크기로 자른다.

6. 나머지 양념참치 ½분량은 양념장을 키친타월로 닦아낸 뒤 참기름과 후춧가루를 뿌리고 전면에 고루 묻도록 문지른다.

7. 참치 결과 직각이 되도록 꼬챙이 3개를 부채꼴 모양으로 끼운다. *꼬챙이 3개를 한 손에 쥘 수 있게 끼운다.

8. 센 불에 올려 1~2분 정도 굽는다. 표면이 먹음직스럽게 구워지고 안은 날것인 상태가 제대로 구운 것이다.

9. 참치구이의 꼬챙이를 빼고 식혀서 1cm 폭으로 잘라 그릇에 담는다. ⑤의 양념참치도 그릇에 담고 청차조기꽃대로 장식한 뒤 남은 양념장을 뿌린다.

10. 냄비에 흰깨를 넣고 중간 불에서 볶다가 고소한 향이 나면 불을 끈 뒤 ⑨의 참치구이 위에 볶은 깨, 대파, 실고추를 얹어 장식한다.

PLUS MENU

전갱이 나메로우*(다진전갱이회)

*나메로우: 다진 생선살에 된장, 술, 다진 파, 차조기, 생강 등을 넣고 다시 한 번 다져 만드는 양념회.

2인분
소요 시간 20분

재료 전갱이···1마리(80g), 양파···20g, 청차조기잎···2장, 생강···2g, 된장···1큰술
곁들이 청차조기잎···1장

싱싱한 전갱이 고르는 법
눈이 검고 투명하며 살이 탱탱한 것을 고른다.

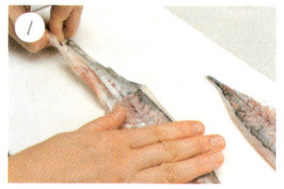

1 전갱이는 아래 손질법을 참조하여 3장뜨기한다. 껍질이 위로 가게 놓고 살을 누른 채 대가리 쪽부터 껍질을 뒤로 넘기듯
   잡아당겨 벗긴다. **p.23 참조**

2 전갱이 살은 0.5cm 폭으로 얇게 자른 뒤 방향을 바꾸어 다시 0.5cm 폭으로 자른다.
   *칼을 바깥쪽에서 안쪽으로 잡아당기며 자르면 쉽게 잘린다.

3 양파, 청차조기, 생강은 다진다. 도마에 ②의 전갱이, 다진 채소와 된장을 올린다.

4 위아래를 뒤집어가며 고루 섞이도록 칼로 잘게 자르듯 두드린다.

5 사진 상태처럼 될 때까지 두드린다. 단, 각 재료들이 보이지 않을 정도도 지나치게 두드리면 씹는 맛이 없어지므로 재료의
   형태가 남아 있을 만큼 두드린다. 그릇에 청차조기잎을 깔고 다진전갱이회를 담는다.

전갱이 손질법

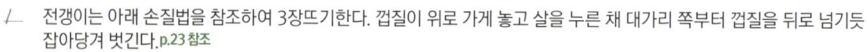

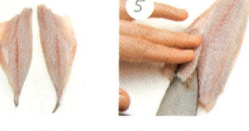

가슴지느러미와 배지느러미 옆에서 사선으로 칼집을 넣는다. 반대쪽도 같은 방법으로 칼집을 넣는다. 대가리에 내장이 붙어 있는 채로 떼어낸 뒤 물로 배 속을 씻고 물기를 닦는다. ***껍질을 벗기는 경우는 모비늘을 제거하지 않는다.**	대가리를 오른쪽으로 두고 배에서 꼬리까지 중간뼈 위로 칼집을 넣는다. 등을 자기 앞으로 놓고 꼬리에서 대가리 쪽으로 가며 중간뼈 위에 칼집을 넣는다.	꼬리 쪽 살과 가운데 굵은 뼈 사이로 칼을 넣고 꼬리를 누른 채 대가리 쪽으로 움직여 자른다. 반대편 살도 같은 방법으로 잘라 포를 뜬다.	전갱이를 3장뜨기한 상태. 이 중 살 2장을 사용한다. ***이 요리에서는 중간뼈를 사용하지 않지만, 남은 중간뼈로 튀김을 해 먹어도 맛있다.**	살과 갈비뼈 사이에 칼집을 넣고 갈비뼈를 칼날에 바싹 붙여 도려낸다. 잔가시는 핀셋으로 빼낸다.

참치 특수 부위

참치 한 마리에서 조금밖에 나오지 않는 특수 부위, 제대로 알고 맛있게 즐기자.

정수리살
기름기가 많은 반면 힘줄도 많다. 조리거나 겉면만 불에 구워 힘줄을 연하게 만들어 먹는다.

턱살(가맛살)
아가미 뒷부분의 살로 뼈째 판다. 담백하게 소금구이해 먹는다.

꼬리살
참치 꼬리 부분으로 젤라틴과 기름기가 많다. 스테이크나 조림을 만들어 먹는다.

뱃살
붉은색으로 살과 중뱃살 부위가 있으며 기름기가 적당하다. 초밥 재료나 횟감용으로 많이 사용한다.

목살
턱살 중에서도 특히 기름기가 많은 부위로, 마블링이 좋은 고기 맛이 나며 초밥과 매우 잘 어울린다.

볼살
100kg짜리 참치에서 200g 정도밖에 나오지 않는다. 먹기 좋게 익히면 쇠고기와 비슷한 맛이 난다.

초밥 재료에서 통조림까지 다양하게 활용되는 참치

참치는 버리는 부분이 없다고 할 정도로 모든 부위를 먹을 수 있다. 혈합육은 생강이나 파를 넣고 양념을 강하게 해서 조림으로 먹고, DHA가 풍부한 눈알은 대가리와 함께 조리거나 소금구이해서 먹는다. 볼살이나 정수리살은 힘줄이 많아 회로 먹기는 어렵지만 익히면 쫀득쫀득한 식감을 느낄 수 있다.

뱃살은 기름기가 고루 퍼져 있어 맛있는 부위로, 일본에서는 1960년대 들어 초밥 재료로 뱃살을 사용하기 시작했고 이후 인기가 치솟았다.

Chapter 4

흰살 생선

White Flesh Fish

해산물 보관 방법

물기를 완전히 제거하는 것이 포인트

해산물은 고기나 채소에 비해 쉽게 상하고 그대로 두면 금방 선도가 떨어진다. 따라서 신선한 해산물을 고르는 것만큼 제대로 보관하는 것이 중요하다.

생선은 내장부터 상하기 시작하므로 내장을 제거하고 보관한다. 물에 씻은 생선의 물기를 완전히 닦은 뒤 마르지 않도록 젖은 행주로 싸서 특선실(0~1℃)에 넣어 얼기 직전의 상태로 보관하면 2~3일은 맛있게 먹을 수 있다. 내장을 제거하고 얼리면 1개월 정도 보관이 가능하지만 생선이 신선할 때 이외에는 권하지 않는다. 어쩔 수 없는 경우에는 급속냉동실에서 재빨리 얼리도록 한다. 이때 알루미늄 그릇에 담으면 빨리 얼릴 수 있다. 해동할 때는 물기가 빠져나오지 않도록 물기가 많은 해산물은 냉장실로 옮겨 자연해동하고 조개류는 언 상태 그대로 조리한다.

통생선

아가미와 비늘, 내장을 제거하고 배 속을 깨끗하게 씻어 물기를 닦은 뒤 마르지 않도록 랩이나 신문지로로 싸서 밀폐용기에 담아 보관한다.

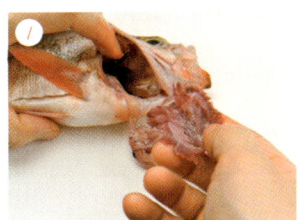

토막 생선

물기를 닦은 뒤 랩이나 키친타월로 꼼꼼하게 싸서 밀폐용기에 담아 보관한다.

간을 해서 보관하면 편리하다
소금이나 된장으로 간을 해서 보관하면 보관하는 동안 간이 배어 조리하기도 편하고 보존성도 높아진다.

조개류

소라나 가리비는 표면을 씻고 물기를 닦아 보관하고 재첩이나 바지락은 해감하여 소금으로 문질러 씻어서 보관한다.

벤자리 인기 메뉴 [1]

벤자리
소금반죽구이

생생한 생선 모양 반죽이 돋보이는 요리.

벤자리소금반죽구이

2인분
소요 시간 40분

재료 벤자리⋯2마리(600g), 올리브유⋯적당량

소금반죽 적갈래곰보⋯20g, 청갈래곰보⋯20g, 박력분⋯180g, 소금⋯140g, 달걀흰자⋯110g

초간장 다진 산초나무순⋯1큰술, 맛국물⋯2큰술, 우스구치 간장⋯1큰술, 식초⋯20ml

Tip
싱싱한 벤자리 고르는 법①
벤자리의 제철은 초여름이다. 배가 탱탱하고
지느러미가 또렷하며 연갈색인 것을 고른다.

1. 벤자리 내장을 빼낸다. p.127 참조

2. 가슴지느러미, 배지느러미, 등지느러미, 뒷지느러미를 주방가위로 자른다. 꼬리지느러미는 모양을 정돈한다.
   *지느러미는 꼬리에서 대가리 방향으로 자른다.

3. 항문 근처에 있는 꼬리지느러미의 굵고 긴 뼈는 자르지 않고 남겨놓는다.
   *구웠을 때 이 뼈가 쏙 빠지면 속까지 잘 익은 것이다.

4. 적갈래곰보와 청갈래곰보는 소금기가 있는 채로 다진다.

5. 볼에 갈래곰보, 박력분, 달걀흰자, 소금을 넣고 섞는다.
   *달걀흰자를 넣으면 구울 때 소금반죽이 단단해져 증기가 빠지지 않는다.

6. 잘 섞어서 하나로 뭉쳐지면 작업대로 옮긴 뒤 소금반죽을 작업대에 문질러가며 손바닥으로 세게 치댄다.

7. 소금반죽이 고루 섞여 매끈해지면 랩으로 싸서 실온에 10분 정도 둔다.

8. 소금반죽 ⅓분량을 자른다. 이 부분이 아래쪽에 깔 반죽이다. 나머지 ⅔분량은 생선 위를 덮는 용도로 남긴다.

9. 잘라둔 ⅓분량의 소금반죽을 다시 2등분한 뒤 각각 0.3cm 두께로 밀어 벤자리보다 조금 크게 늘린다.

10. ⑨의 소금반죽 2장 위에 각각 벤자리를 올리고 벤자리 모양을 따라 가장자리를 자른다. *오븐은 180℃로 예열한다.

11. ⑩을 철판에 올린다. ⑧의 나머지 소금반죽 ⅔분량을 두께 0.5cm가 되게 밀대로 밀어 늘인 뒤 각 벤자리 위에 덮는다.
*덮는 소금반죽은 아래 반죽보다 조금 두툼하게 만든다.

12. 틈이 벌어지지 않도록 소금반죽으로 벤자리를 잘 감싼 뒤 벤자리 모양에 맞춰 가장자리를 자른다.

13. 솔로 소금반죽 표면에 올리브유를 바른다.
*소금반죽이 남으면 눈과 아가미 위에 모양을 본떠 붙인 뒤 올리브유를 바른다.

14. 벤자리가 담긴 철판을 180℃의 오븐에 넣고 20분 정도 굽는다.
*소금반죽으로 감싼 벤자리는 감싼 뒤 바로 굽지 않으면 소금기가 스며들어 짜게 된다.

15. 소금반죽이 딱딱해지고 표면이 노릇하게 구워지면 오븐에서 꺼낸 뒤 소금반죽 가장자리로 칼집을 넣어 소금반죽을 들어 올린다.

16. 벤자리의 비늘과 껍질이 소금반죽에 달라붙어 깨끗하게 벗겨진다.
*벤자리와 분리한 소금반죽은 벤자리가 들어 있는 상태에서 바로 제자리로 돌려놓아 증기와 향이 빠져나가지 않도록 하고 먹기 직전에 연다.

17. ③의 꼬리지느러미 뼈를 살짝 당겨 쏙 빠지는지 확인한다. *쏙 빠지면 속까지 잘 익은 것이다.

18. 다진 산초나무순과 맛국물, 우스구치 간장, 식초를 섞어 초간장을 만든다.

19. 소금반죽으로 싼 벤자리를 그대로 식탁에 올린다. 먹기 직전에 소금반죽을 열고 살을 떼어 그릇에 담은 뒤 초간장을 찍어 먹는다.

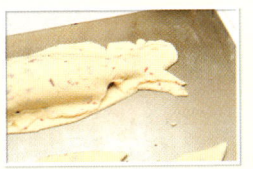

벤자리 손질법

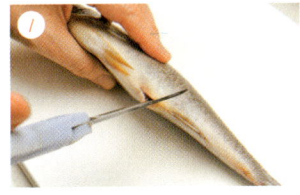

벤자리는 비늘이 붙은 채 주방가위를 이용해 항문에서 배 쪽으로 1~2cm 정도 칼집을 넣는다.

칼집에 주방가위를 넣어 항문과 내장 연결 부분을 자른다.

나무젓가락 한 짝을 벤자리 입에 넣고 아가미 바깥쪽을 꿰어 항문까지 찔러 넣는다. 다른 쪽도 같은 방법으로 나무젓가락을 찔러 넣는다. 이 두 짝의 나무젓가락으로 내장을 집는다.

나무젓가락을 한 손에 쥐고 벤자리와 나무젓가락 반대 방향으로 돌려서 아가미와 내장을 빼낸다. *벤자리의 턱 부위를 눌러 잡는다.

물 색깔이 투명해질 때까지 벤자리 입으로 물을 흘려 넣고 항문으로 나오게 하여 배 속을 씻는다. 내장과 혈합육이 남아 있지 않도록 말끔하게 씻는다.

도미소금가마구이

모양과 맛 모두를 즐길 수 있는 구이 요리.

재료 도미…1마리(500g), 달걀흰자…40g, 타임…1줄기, 로즈메리…1줄기, 셀러리…1줄기
올리브유…1큰술, 굵은소금(또는 소금)…1.2kg, 후춧가루…적당량

주방가위로 꼬리지느러미 모양을 정돈하고 등지느러미, 가슴지느러미, 뒷지느러미를 자른다. 비늘과 뒷지느러미의 굵은 뼈는 그대로 둔다.

주방가위로 항문 주변에 1~2cm 정도 칼집을 넣은 뒤 주방가위 끝을 항문에 넣어 항문과 내장의 연결 부분을 자른다.

아가미뚜껑을 열고 위아래 아가미의 연결 부분을 주방가위로 자른 뒤 아가미뚜껑을 벌리고 아가미를 당겨 내장과 함께 빼낸다.

도미 입으로 물을 흘려 넣으면서 나무젓가락으로 중간뼈에 붙은 얇은 막을 찢은 뒤 긁어서 혈합육과 남아 있는 내장을 항문으로 내보낸다. 꼬리 쪽을 들어 배 속의 물을 빼내고 행주로 물기를 닦는다.

아가미뚜껑을 벌려 허브(타임, 로즈메리, 셀러리)를 채워 넣고 표면에 올리브유를 바른 뒤 후춧가루를 고루 뿌려 실온에 20분 정도 둔다.

볼에 굵은소금과 달걀흰자를 넣고 양손으로 고루 섞어 굵은소금이 잘 뭉치게 한다.

오븐 팬에 올리브유(분량 외)를 바르고 200℃로 예열한다.

오븐 팬에 ⑥의 소금반죽 중 ⅓ 분량을 평평하게 깔고 위에 ⑤의 도미를 올린다. 그 위에 나머지 소금반죽을 올려 도미를 단단하게 감싼 뒤 200℃의 오븐에서 20분 정도 굽는다.

소금가마구이 먹는 방법

오븐에서 꺼내 10분 정도 두었다가 가장자리의 소금반죽을 작은 망치로 때려 가마를 벗기고 남아 있는 소금은 솔로 쓸어낸다.

오븐에 넣기만 하면 끝!

소금가마구이는 축하할 때나 사람이 많이 모일 때 안성맞춤인 요리다. 소금반죽 표면에 달걀노른자를 발라 구우면 그 부분만 갈색으로 익기 때문에 메시지를 나타낼 수 있고 망치로 통통 두들겨 통쾌하게 소금을 부수면 분위기가 달아올라 유쾌하게 즐길 수 있다. 또 오븐에 굽는 동안 신경 쓰지 않고 다른 요리를 만들 수도 있다. 생선 외에 고기나 채소도 소금가마구이를 할 수 있다. 고기는 닭고기나 돼지고기 등심이 적합하고 채소는 감자나 버섯이 구웠을 때 맛있게 즐길 수 있다. 작은 채소는 일반 오븐 대신 미니오븐을 사용해도 된다.

벤자리 인기 메뉴 [2]

벤자리
소금구이

소금으로 간해 깔끔하고 담백한 구이 요리.

129

벤자리소금구이

2인분
소요 시간 35분
※양념장 만드는 시간 불포함.

싱싱한 벤자리 고르는 법②
길이 25cm 정도가 소금구이에 적당하다.
눈이 투명하고 형태가 깔끔한 것을 고른다.

재료 벤자리…2마리(600g), 소금…적당량

양념장 대파(흰 부분)…1줄기, A(고이구치 간장…1큰술, 식초…6큰술, 설탕…2큰술, 소금…¼작은술)

곁들이 남천잎…1장

1. 대파는 5cm 길이로 자른다. 냄비에 A를 넣고 끓이다가 한소끔 끓어오르면 대파를 넣는다. 대파가 익으면 국물과 함께 그릇에 옮겨 1시간 동안 재운다.

2. 벤자리는 옆 페이지의 손질법을 참조해 손질한다. 담을 때 보이는 면에 보기 좋게 칼집을 넣는다. 반대쪽은 등지느러미 옆에 칼집을 넣는다.

3. 벤자리에 꼬챙이 2개를 끼운 뒤 **p.137 참조** 30cm 위에서 양면에 소금을 뿌린다. 구울 때 타지 않도록 모든 지느러미에 소금을 묻힌다.

4. 담을 때 보이는 부분이 아래로 향하게 구이 틀에 걸친 뒤 거리를 두고 센 불에 올려 10분 정도 굽는다.
   *고루 구워지도록 가끔씩 꼬챙이를 움직인다.

5. 뒤집어서 8분 정도 굽는다. 전체가 노릇하게 구워지고 속까지 익으면 불에서 내린 뒤 꼬챙이에 붙은 그을음을 닦고 꼬챙이를 빼낸다.

6. 그릇에 구운 벤자리를 담고 남천잎과 가늘게 채 썬 대파로 장식한다. 생선 그릴을 사용할 경우는 그릇에 담을 때 보이는 면이 위로 가게 놓고 같은 시간을 굽는다.

²벤자리 손질법

아가미뚜껑에 손가락을 걸어 꼭 쥐고 비늘치기로 비늘을 벗긴다. *각도를 바꿔가며 꼬리에서 대가리 방향으로 긁어 벗긴다.

담았을 때 바닥을 향하는 배 쪽에 2~3cm 정도 칼집을 넣는다.

나배 쪽 칼집에 손가락을 넣어 내장이 끊어지지 않게 천천히 잡아당겨 빼낸다.

얼음물을 담은 볼에 손질한 벤자리를 넣어 배 속에 남아 있는 내장과 혈합육을 씻는다.

벤자리 꼬리를 잡고 거꾸로 들어 몸속에 남아 있는 물이 입으로 빠지게 한 뒤 행주로 표면의 물기를 닦는다.

은대구백된장구이 &
은대구데리야키

깔끔하게 밑간해 부드럽고 고소한 구이 요리.

은대구백된장구이

은대구데리야키

은대구백된장구이

2인분
소요 시간 70분
※은대구를 양념된장에 재우는 시간 불포함.

싱싱한 은대구 고르는 법①
은대구 토막은 살이 희고 투명한 느낌이 드는 것을 고른다.
살이 부옇고 혈합육 색이 거무스름한 것은 피한다.

재료 은대구…2토막(250g), 소금…적당량

양념된장 백된장(사이쿄미소)*…300g, 단술…40ml, 니키리미림 p.119 참조…4큰술, 니키리자케 p.119 참조…1큰술

곁들이 밤조림(시판)…2개, 산초잎…1장

*백된장(사이쿄미소): 쌀을 원료로 만들어 단맛이 나는 흰 된장.

1. 넓은 그릇에 소금을 뿌리고 은대구를 올린 뒤 30cm 높이에서 소금을 뿌린다. 그릇을 기울인 상태로
   30분 정도 절인 뒤 물기를 뺀다.

2. 은대구를 물로 씻어 소금, 혈합육, 이물질을 제거한 뒤 행주로 물기를 닦는다.

3. 비늘이 붙어 있으면 칼로 긁어 벗기고 핀셋으로 남아 있는 잔가시들을 빼낸다.

4. 꽉 짠 면포로 손질한 은대구를 싼다.
   *면포는 냄새가 나지 않는 것을 사용하여 은대구에 냄새가 옮겨지지 않도록 한다.

5. 볼에 백된장(사이쿄미소), 단술, 니키리미림을 넣고 섞는다. 니키리자케는 농도를 조절해가며 조금씩 넣어 양념된장을 만든다.

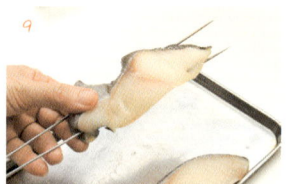

6   밀폐용기에 ⑤의 양념된장 ⅓분량을 깔고 면포로 싼 은대구를 겹치지 않게 넣는다.
    *면포로 싸면 된장을 쉽게 떼어낼 수 있어 생선 모양이 망가지지 않는다.

7   나머지 양념된장을 면포로 싼 은대구 위에 바르고 평평하게 만든 뒤 뚜껑을 덮고 냉장고에 넣어 하룻밤 재운다.

8   면포에 묻은 양념된장을 긁어내고 면포를 벗겨 은대구를 꺼낸다.
    *긁어낸 양념된장은 여러 번 반복해서 다음 번 요리에 사용해도 된다.

9   은대구 2토막에 각각 꼬챙이 2개씩을 끼운 뒤 2토막을 나란히 놓고 수직으로 가운데에 대나무 꼬챙이를 찔러
    한 손에 들 수 있게 만든다.

10   은대구 껍질이 아래로 향하게 해서 구이 틀에 걸치고 약한 불로 8분 정도 구운 뒤 뒤집어 7분 정도 굽는다.
    그릴에 구울 때는 양면을 각각 4~5분씩 굽는다.

11   은대구가 익으면 불에서 내려 꼬챙이를 빼낸다. 밤조림은 그릴에 구워 노릇한 색깔을 낸다.
    그릇에 산초잎을 깔고 구운 은대구와 밤조림을 담는다.

은대구데리야키

Tip
싱싱한 은대구 고르는 법②
살이 투명하고 껍질에 윤기가 나는 것을 고른다.

2인분
소요 시간 40분

재료 은대구…2토막(250g), 박력분…적당량, 샐러드유…1큰술

양념장 생강…6g, 술…2큰술, 고이구치 간장…1큰술, 미림…2큰술, A(고이구치 간장…1큰술, 식초…6큰술
설탕…2큰술, 소금…¼작은술)

곁들이 무…적당량, 당근…적당량, 단풍잎…1장

1. 무는 세로 5cm, 가로 12cm로 얇게 돌려깎기한다. 돌려깎기하고 남은 무와 당근은 가로 1cm, 세로 5cm, 두께 1cm의
직육면체로 썰어 소금물(분량 외)에 담갔다가 A에 넣어 30분 동안 재운다.

2. 넓은 그릇에 소금(분량 외)을 뿌리고 은대구 껍질이 아래로 가게 하여 올린 뒤 30cm 높이에서 소금을 고루 뿌린다.

3. 그릇을 기울여 여분의 물기가 아래로 흐르도록 한 뒤 15분 정도 지나면 물로 씻어 소금을 제거한다.

4. 은대구에 면포를 씌우고 80℃의 뜨거운 물을 끼얹은 뒤 찬물에 넣어 식히고 이물질과 남아 있는 비늘을 씻는다.

5. 물기를 닦고 은대구에 박력분을 묻힌 뒤 여분의 가루는 손으로 쳐서 턴다. *생강을 다진 뒤 즙을 짠다.

6   프라이팬에 샐러드유를 두르고 중간 불로 가열한 뒤 은대구 껍질이 아래로 가게 올리고 껍질 주변이 노릇해질 때까지 5분 정도 굽는다.

7   뒤집어서 3분 정도 구워 80% 정도 익었으면 은대구에서 흘러나온 기름기를 키친타월로 닦는다.
    *프라이팬을 기울이면 기름이 고여 닦기 편하다.

8   ⑤의 생강즙, 술, 간장, 미림을 섞어 만든 양념장을 팬에 넣고 약한 불로 줄인 뒤 은대구에 양념장을 끼얹어가며 익힌다.

9   은대구는 살이 쉽게 부서지므로 익히는 동안 뒤집지 말고 대신 프라이팬을 기울여 숟가락으로 양념장을 떠서 끼얹는다. 양념장이 걸쭉해지면 불을 끈다.

10   ①의 막대 모양으로 썬 무와 당근을 단면이 체크무늬가 되도록 모은 뒤 얇게 돌려깎기한 무로 둘러 1cm 폭으로 자른다.

11   그릇에 단풍잎을 깔고 구운 은대구를 뒤집개로 떠서 담은 뒤 양념장을 끼얹고 ⑩의 무와 당근으로 장식한다.

생선에 꼬챙이 끼우기

꼬치고기로 생선을 꿰듯이 끼우는 방법을 알아보자.

01 **그릇에 담았을 때 보이지 않는 쪽으로 끼운다**

꼬치고기 대가리를 세워 뒤쪽 눈 바로 아래를 찌른다. 아가
미뚜껑 속 아가미를 꿰어 계속 찔러나간다. 담았을 때 아래
로 가는 쪽이 위로 오게 한다.

02 **꼬챙이는 중간뼈를 꿰매듯이 끼운다**

꼬리를 세워 배 속을 통과시키고 뒷지느러미 근처로 일단
꼬챙이 끝을 뺀 뒤 꼬리를 위로 올리고 중간뼈 아래로 찔러
넣어 꼬리 밑동으로 빼낸다.

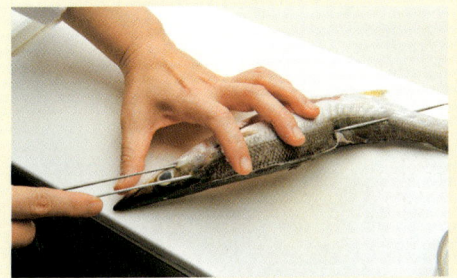

03 **하나를 더 끼워 안정적으로 만든다**

눈 아래에서 꼬챙이를 끼워 ①과 마찬가지로 아가미를 꿰듯
이 찔러나간다. 꼬챙이를 2개 꽂으면 한 손으로 쥘 수 있고
형태가 고정되어 구울 때 생선이 제멋대로 돌지 않는다.

04 **여러 번 찌르지 말고 한 번에 끼운다**

중간뼈를 따라 배 속을 지나 첫 번째 꼬챙이와 비슷한 곳에
서 뺀다. 살이 뭉개지지 않도록 꼬챙이를 한 번에 찌른 뒤 꼬
챙이 윗부분에서 손으로 밀어 자리를 잡는다.

꼬챙이에 끼우면 모양도 예쁘고 굽기도 편하다

생선은 그릴에서도 맛있게 구울 수 있지만 꼬챙이에 끼워 직접 불에 구우면
모양을 잘 살릴 수 있다. 특히 통생선으로 구울 때 꼬챙이를 꿰듯이 끼우면
마치 헤엄치는 것처럼 보여 그릇에 담았을 때 생생한 느낌이 든다. 이때
쇠꼬챙이를 사용하면 속까지 열전달이 잘되고 살이 잘 뭉개지지 않는다.
구울 때는 그릇에 담을 때 보이는 면부터 굽는다. 뒷면부터 구우면 생선
기름과 물기 덩어리가 겉으로 흘러나와 모양이 흉해진다. 불을 지나치게
가까이 대면 속까지 열기가 도달하기도 전에 겉면이 타버리므로 센 불에서
멀리 놓고 굽도록 한다. 가스레인지에서 구울 때는 꼬챙이용 구이 틀을
걸쳐놓고 생선과 불의 거리를 10cm 정도 떨어뜨린다.
쇠꼬챙이에 살이 달라붙어 꼬챙이가 돌지 않으면 속까지 익은 것이므로
뜨거울 때 돌려가면서 꼬챙이를 빼내고 그릇에 담는다. 식으면 꼬챙이를
돌려도 잘 빠지지 않는다.

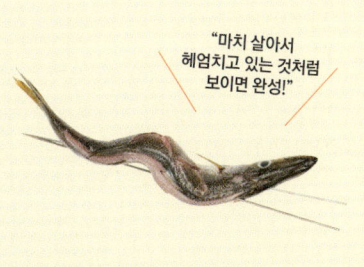

"마치 살아서
헤엄치고 있는 것처럼
보이면 완성!"

도미서덜탕

생선회를 뜨고 남은 부위로 끓여 깊은 맛이 나는 탕 요리.

도미서덜탕

싱싱한 도미 고르는 법
눈이 투명하고 아가미가 선홍색인 것을 고른다.

2인분
소요 시간 30분
※다시마 불리는 시간과 도미 서덜에 소금 간하는 시간 불포함.

재료 도미 서덜…1마리 분량(300g), 다시마(5×10cm)…1장, 물…1ℓ, 술…100ml, 우스구치 간장…조금

곁들이 당근…25g, 꼬투리강낭콩…8개

1. 다시마를 물에 담가 하룻밤 동안 우려 다시마물을 만든다.

2. 도미 서덜을 손질한 뒤 p.141 참조 80℃의 뜨거운 물을 부어 살이 하얗게 되면 얼음물로 옮겨 식힌다.

3. 완전히 식으면 껍질이 벗겨지지 않도록 조심하며 남아 있는 혈합육과 비늘을 손가락 끝으로 긁어 떼어낸다.

4. 행주를 깐 넓은 그릇에 손질한 도미 서덜을 올리고 물기를 닦는다. *비늘이 남아 있으면 행주로 집어 떼어낸다.

5. 냄비에 ①의 다시마를 깔고 도미 서덜을 넣은 뒤 다시마물과 술을 부으면 서덜 껍질이 냄비 바닥에 눌어붙는 것을 방지할 수 있다.

6. 거품이 표면 가득 떠오르면 국자로 건진다. *거품끼리 붙어 크게 될 때까지 기다렸다가 건진다.

ㄱ 약한 불로 줄인 뒤 가끔씩 거품을 건지면서 도미 눈이 하얗게 될 때까지 20분 정도 끓인다.
   *눈이 반투명하면 덜 익은 상태다.

8 우스구치 간장으로 간을 맞춘 뒤 떠오르는 기름은 키친타월을 덮어 제거한다.

9 당근은 둥글게 썰어 모양틀로 찍는다.

10 끓는 물에 모양낸 당근을 넣고 데친 뒤 채반에 올려 식힌다.

11 꼬투리강낭콩은 3cm 길이로 잘라 끓는 물에 데친 뒤 채반에 올려 식혀서 ⑩의 당근 구멍에 끼운다.
   이것을 ⑧의 냄비에 넣고 함께 끓인다.

12 완성한 요리를 담을 그릇에 뜨거운 물을 부어 데운다.

13 그릇이 뜨거워지면 물을 버리고 ⑪의 도미서덜탕을 보기 좋게 담는다.
   *그릇도 도미서덜탕도 뜨거운 상태에서 담는다.

국물이 줄지 않게 기름 제거하기
거품을 건진 뒤 떠오르는 생선 기름은 국물이
줄지 않게 제거한다. 이때 키친타월을 덮었다
떼면 기름기만 제거된다.

도미서덜뭇국
무 80g을 갈아 앞 페이지의
만드는 과정 ⑦ 다음에 넣고
센 불로 끓여 우스구치 간장으로
간을 맞춘 뒤 그릇에 담는다. 소금
물에 데친 녹황색 채소와 국화꽃
잎으로 장식한다.

*무를 갈아 넣어 국물이 걸쭉하면서도
시원하다.

색다른 도미 요리

도미 손질법

1. 대가리를 반으로 자른다. 대가리는 딱딱하고 잘 고정되지 않으므로 턱을 꼭 누른 채 앞니 사이로 칼을 넣는다.

2. 칼턱이 도마에 닿을 때까지 자른다. *칼등에 손바닥을 대고 누르면 힘이 들어가 잘 잘린다.

3. 대가리를 반으로 잘랐으면 붙어 있는 턱 아래를 잘라 완전히 2등분한다.

4. 아가미뚜껑과 아가미 아랫살의 연결 부분을 칼로 자른다.

5. 눈과 입 사이에 칼집을 넣고 눈과 턱 부위가 나눠지도록 뒤집어서 자른다. *겉면에 칼집을 넣고 안쪽에서 뼈를 두드려 자른다.

6. 대가리를 4등분한 상태. 긴 지느러미는 살 길이에 맞춰 자른다. 나머지 한쪽도 같은 방법으로 4등분한다.

7. 가운데 굵은 뼈를 가로로 놓고 수직으로 반을 자른 뒤 뼈마디에 칼을 대고 적당한 크기로 자른다.

8. 서덜과 뼈를 볼에 넣고 소금 1큰술을 뿌려 고루 묻힌 뒤 상온에 30분 정도 두어 비린내와 물기를 제거한다.

9. 물에 적신 조림용 나무 뚜껑을 ⑧ 위에 덮고 80℃의 뜨거운 물을 생선이 잠길 만큼 부어 잠시 둔다.

10. 뚜껑으로 천천히 저어서 살이 하얗게 되면 물을 버린다.

버릴 게 없는 해산물 자투리 활용법

생각을 바꾸고 조리법을 더하면 해산물의 어떤 부위도 먹을 수 있다.

생선뼈
→ 튀기기

구이나 말린 생선에서 발라낸 뼈를 사용한다. 저온에서 오래 튀기면 뼈까지 먹을 수 있다.

새우 대가리와 껍질
→ 국물 우리기

국물 우릴 때 사용하면 진한 맛국물을 얻을 수 있다. 신선한 생새우의 대가리를 통째로 사용한다.

생선 껍질
→ 데치기

끓는 물에 살짝 담갔다 건져 얼음물에 담근다. 콜라겐을 섭취할 수 있고 오돌오돌 씹히는 맛이 좋다.

조개 외투막
→ 튀기기

녹말가루를 묻혀 기름에 튀긴 뒤 조리거나 수프에 넣으면 맛있다.

조금만 머리를 쓰면 얼마든지 먹을 수 있다

생선 껍질과 뼈는 조리 과정에서 또는 먹고 난 뒤에 대부분 버려진다. 하지만 껍질에는 비타민이, 뼈에는 칼슘이 살보다 많이 들어 있다. 조금만 머리를 쓰면 거부감 없이 맛있게 먹을 수 있는 방법이 얼마든지 있다.
생선 껍질을 조리할 때는 이물질과 비늘을 깨끗이 떼어내는 것이 중요하다. 큰 비늘은 말려서 기름에 튀기면 비늘칩이 된다. 껍질은 데치기, 소금구이, 튀기기 등의 조리법으로 맛있게 먹을 수 있다.
구이나 말린 생선에서 발라낸 뼈를 저온(160℃ 정도)에서 오래 튀기면 바삭한 뼈튀김을 즐길 수 있다.
비타민과 미네랄이 풍부한 내장도 꼭 먹어보자. 단, 내장은 금방 상하므로 신선한 것만 먹어야 하는데, 이때도 날것은 기생충이 있을 수 있으므로 반드시 익혀 먹도록 한다.

농어 인기 메뉴

농어냉회*

여름에 즐기는 신선한 회.

*냉회: 저민 생선살을 찬물이나 얼음물에 씻어 오돌오돌하게 만든 생선회.

농어냉회

2인분
소요 시간 60분
※도사 간장 만드는 시간 불포함.

싱싱한 농어 고르는 법
농어는 대표적인 여름 생선이다. 비늘이 단단하게
붙어 있고 전체적으로 탄력 있는 것을 고른다.

재료 농어…1마리(800g) 또는 1토막(150g), 술…1작은술

도사 간장 가다랑어포…3g, 술…1큰술, 고이구치 간장…½컵(100ml), 다마리 간장…2작은술, 미림…2작은술

매실간장 매실 과육…1큰술, 도사 간장…2큰술, 니키리자케 p.119 참조…1큰술

곁들이 적갈래곰보…30g, 청갈래곰보…30g, 꽃오이…2개, 얼음…적당량

1. 냄비에 술, 고이구치 간장, 다마리 간장, 미림을 넣고 센 불에 끓인다. 국물이 끓어오르면 가다랑어포를 넣는다.

2. 불을 약하게 줄이고 계속 끓이면서 거품이 생기면 국자로 건진다. 불을 끄고 그릇에 옮긴 뒤 냉장고에 넣어 식힌다.

3. ②의 도사 간장이 완전히 식으면 랩을 씌워 실온에 5분 정도 둔다. 체에 키친타월을 깔고 끓인 간장을 부어 건더기는 거른다.

4. 갈래곰보는 물에 씻은 뒤 잠시 물에 담가 소금기를 빼고 체에 건져 물기를 제거한다.

5. 꽃오이는 열매를 소금(분량 외)으로 문질러 솜털과 돌기를 떼어낸다.

6. 꽃오이를 끓는 물에 살짝 데쳐 얼음물에 담근다. 데치면 예쁜 녹색으로 변한다.

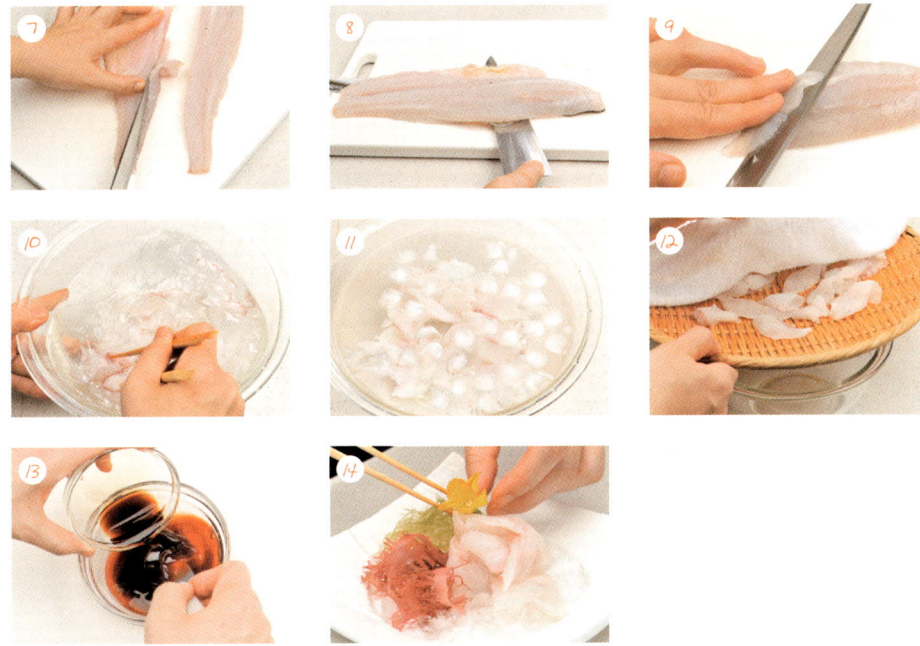

7 농어는 뒤 페이지를 참조해 3장뜨기한다. 살을 2등분하여 갈쭉한 덩어리로 만든 뒤 가운데 잔가시가 있는 부분의 살을 최대한 얇게 도려낸다.

8 농어 껍질이 아래로 가게 놓는다. 꼬리 쪽 껍질과 살 사이에 칼집을 넣고 칼을 눕혀 넣은 뒤 껍질은 왼쪽으로 잡아당기고 날은 오른쪽으로 잘라나간다.

9 칼을 오른쪽으로 눕혀 0.3cm 폭으로 얇게 썬다. *칼을 눕혀 사선으로 잡아당기듯이 크게 움직여 자른다.

10 볼에 찬물과 술을 넣고 섞은 뒤 농어 살을 넣고 젓가락으로 가볍게 휘저어 비린내를 제거한다. *얼음물을 준비한다.

11 물이 부옇게 흐려지면 농어 살을 건져 얼음물로 옮긴다. 젓가락으로 살살 섞어 살이 하얗게 되면 2~3분 정도 그대로 두어 살을 수축시킨다.

12 볼 위에 채반을 놓고 농어 살을 펼친다. 젖은 행주를 꽉 짜서 농어 살 위에 덮고 냉장고에 5분 정도 넣어 물기를 뺀다.

13 매실 과육에 ③의 도사 간장, 니키리자케를 넣고 잘 섞어 매실간장을 만든다.

14 그릇에 얼음을 깔고 ⑫의 농어 살을 담은 뒤 ④의 갈래곰보, ⑥의 꽃오이로 장식하고 ⑬의 매실간장을 함께 낸다.

농어 3장뜨기

농어 대가리와 꼬리에 칼집이 있는 것은 신선도를 유지하기 위해 피를 뺀 흔적이다. 지느러미가 날카로우므로 주의한다.

아가미뚜껑을 벌리고 위아래 연결 부분을 칼로 잘라 아가미를 꺼낸다. 반대편 아가미도 같은 방법으로 꺼낸다. 아가미 아랫살 옆으로 칼집을 넣어 대가리를 떼어낸다.

항문에 칼을 넣어 배를 가른다. *칼날을 밀어 올리듯 움직여 배를 가른다. 이때 내장을 찌르지 않도록 주의한다.

내장을 빼고 가운데 얇은 막을 찢어 혈합육을 긁어낸다.

배 속을 물로 씻고 남아 있는 내장과 혈합육을 깨끗하게 긁어낸다. *대나무 솔을 사용하면 씻기 편하다.

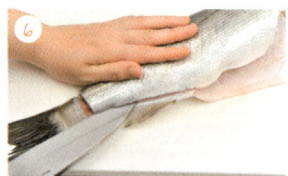

배의 물기를 닦은 뒤 대가리를 오른쪽으로 놓고 배부터 꼬리까지 칼집을 넣는다. 농어를 180° 돌려 꼬리를 오른쪽으로 놓는다.

등지느러미의 0.2~0.3cm 안쪽으로 칼집을 넣는다. *손으로 살을 살짝 들어 올리면 살이 중간뼈 위로 잘리는 것이 보이므로 실패하지 않는다.

꼬리 쪽 살을 들어 올리고 뼈 위로 칼을 눕혀 넣어 자른다. *농어나 도미처럼 살이 단단한 흰살 생선에 적합한 방법이다.

농어를 뒤집은 뒤 같은 방법으로 남아 있는 살도 자른다.

각각의 살에서 갈비뼈를 도려낸다. *잔가시와 갈비뼈가 연결되어 있으므로 먼저 연결 부분을 끊고 갈비뼈를 떠내듯 자른다.

알아두면 유용한 손질법

조리법에 맞는 해산물 손질법을 알아두자.

조개류 이물질 제거하기
물로만 씻을 때보다 깔끔하게 이물질이 떨어진다.

생선살 단단하게 만들기
비린내와 물기를 제거할 때 유용하다.

굴→무 간 것

주름 사이에 낀 이물질을 제거할 때는 무 간 것을 이용하면 가장 효과적이다. 방법은 무를 갈아 굴과 함께 볼에 넣고 주물러서 굴의 이물질이 빠지면 물로 씻는 것이다. 밀가루를 사용해도 같은 효과가 있다.

소금 뿌리기

소금을 듬뿍 집어 30~40cm 정도 위에서 생선에 빈틈없이 고루 뿌리면 물기와 함께 비린내도 제거할 수 있다. 이때는 넓은 그릇에 생선을 놓고 기울여 물기가 생선에 닿지 않도록 한다. 주로 구이를 할 때의 손질 방법이다.

전복→설탕

전복에 설탕을 뿌려 솔로 문지른 뒤 물로 씻는다. 이렇게 하면 살이 오므라들지 않아 연하게 조리해야 하는 조림 등에 효과적이다. 반대로, 전복을 회로 먹을 때는 소금으로 씻어 살이 수축하게 한다.

시모후리

끓는 물에 생선을 몇 초간 담그는 방법과 면포를 덮거나 조림용 나무 뚜껑을 올리고 생선에 뜨거운 물을 끼얹는 방법이 있다. 후자는 80℃ 전후의 물을 뚜껑 위로 고루 부은 뒤 생선 표면이 하얗게 되면 찬물에 식히는 방법으로 조림 등에 자주 이용된다.

밑손질을 소홀히 하면 요리를 망친다

해산물에서 비린내가 나고 이물질이 남아 있으면 맛에 영향을 미친다. 비린내가 나지 않도록 내장을 제거하고 말끔하게 씻는다. 생선 껍질째 조리할 때는 반드시 비늘을 제거한다. 비늘치기나 대나무 솔 등의 전용 조리 도구를 활용하면 편하게 손질할 수 있다. 옆에 소개하는 해산물의 손질법도 알아두자.

오징어 튀길 때 껍질이 남아 있으면 기름이 튈 수 있으므로 손질할 때 깔끔하게 벗긴다. 손에 소금을 묻히고 오징어 표면을 문지르면 껍질을 쉽게 벗길 수 있다.

문어 소금을 뿌리고 주무르면 이물질과 점액을 제거할 수 있다.

게 살아서 심하게 움직일 때는 끈으로 묶은 채 조리한다.

새우 꼬리 끝을 사선으로 잘라 꼬리에 고인 물기를 제거하면 튀길 때 기름이 튀지 않는다.

금눈돔대가리조림

1마리 분량으로도 푸짐하게 차릴 수 있는 조림 요리.

금눈돔대가리조림

2인분
소요 시간 40분

재료 금눈돔 대가리⋯1마리 분량(540g), 가다랑어포⋯3g
다시마(사방 5cm)⋯1장, 물⋯1컵(200ml), 술⋯1컵(200ml)
미림⋯3큰술, 고이구치 간장⋯2큰술, 다마리 간장⋯1작은술, 설탕⋯2큰술

곁들이 땅두릅(또는 우엉, 연근)⋯125g, 경수채⋯2묶음

싱싱한 금눈돔 고르는 법
금눈돔의 제철은 겨울이다. 큰 눈이
투명하고 금빛으로 빛나는 것을 고른다.

1. 금눈돔을 손질한 뒤 p.151 참조 80℃의 뜨거운 물을 붓고 살짝 데친다. 데친 금눈돔을 볼에 담고 조림용 나무 뚜껑을 덮은 뒤
    찬물을 부어 식힌다. *뚜껑 위로 찬물을 부으면 수압 때문에 살이 깨지는 것을 막아준다.

2. 뚜껑을 열고 얼음을 넣어 완전히 식힌다. 손으로 비늘을 살살 벗기고 점액, 피, 남아 있는 내장을 씻은 뒤 행주로 물기를 닦는다.

3. 깊은 냄비에 금눈돔 눈이 위로 오게 담고 물과 술을 넣는다.
    *익으면 눈이 하얗게 되므로 확인하기 편하다.

4. 센 불에 올려 끓이면서 국물 표면에 거품이 떠오르면 건진다.
    *거품이 많이 생길 때까지 기다렸다가 국자로 한꺼번에 건진다.

5. 중간 불로 줄여 가볍게 끓는 상태를 유지한다. 국물 팩에 가다랑어포와 다시마를 담아 끓는 국물에 넣는다.
    *생선을 뒤집으면 껍질이 벗겨지므로 뒤집지 않는다.

6. 조림 뚜껑을 덮고 10분 정도 끓인다. *사진에서는 조림용 나무 뚜껑 대신 열에 강하고 여러 번 사용할 수 있는 쿠킹 시트를 사용했다.

7   땅두릅은 5cm 길이로 잘라 칼로 껍질을 두껍게 벗긴 뒤 윗면에 십자 칼집을 넣어 4등분한다.

8   냄비에 물(분량 외)을 가득 붓고 땅두릅을 넣어 센 불로 끓인다.

9   물이 끓어오르면 불을 끄고 흐르는 물에 땅두릅을 헹군다. 땅두릅의 쓴맛이 제거되면 물기를 뺀다.

10   ⑥의 금눈돔 눈이 하얗게 되면 조림 뚜껑을 들어내고 거품을 건진 뒤 ⑨의 땅두릅을 넣는다.

11   국물 팩을 꺼내고 설탕, 미림을 넣어 5분 정도 끓인다. 미림의 알코올이 날아가고 설탕이 스며들 때까지 끓인다.

12   고이구치 간장, 다마리 간장을 넣고 5분 정도 조린다. *양념이 잘 배고 국물이 바특해지면 불을 끈다.

13   냄비에 염도 1%의 물(분량 외)을 넣고 끓이다가 경수채를 뿌리 쪽부터 가만히 넣는다.

14   잎까지 넣고 씹는 맛이 남아 있도록 10초 정도 데친 뒤 채반에 올려 부채 바람으로 식힌다.

15   경수채가 식으면 물기를 짜고 4cm 길이로 자른다.

16   금눈돔은 익어서 부서지기 쉬운 상태이므로 넓은 뒤집개로 뜨고 젓가락으로 누르면서 들어 올려 그릇에 옮긴다.

17   ⑯에 조린 땅두릅, ⑮의 경수채를 함께 담고 국물을 숟가락으로 떠서 금눈돔 위에 끼얹는다.

금눈돔 손질법

대가리를 반으로 자른 뒤 턱을 꼭 누른 채 앞
니 사이로 칼끝을 세워 넣는다.

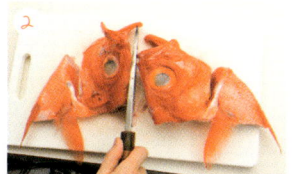

칼자루를 아래로 내려 칼턱이 도마에 닿을
때까지 자른다. *칼등에 행주를 대고 누르면
손에 힘이 들어가 자르기 편하다.

대가리를 2등분한 상태. 가슴지느러미는 길
면 자른다. *대가리는 딱딱하므로 날이 두꺼운
데바칼을 사용하면 편하다.

대가리를 내열 볼에 넣고 80℃의 뜨거운 물을 붓는다. 이렇게 하면 쓴
맛과 비린내를 제거할 수 있고, 비늘이 일어나 떼기 쉬워진다.

한 김 나가면 가볍게 저어 열기가 고루 퍼지도록 한다. 1~2분 정도 지
나 표면의 살이 하얗게 되면 물을 버리고 찬물을 부어 식힌 뒤 이물질
과 비늘을 제거한다.

생선 거품을 모두 건진 뒤 땅두릅을 넣는다

생선 요리에 땅두릅 등의 채소를 넣을 경우에는
먼저 생선 거품을 모두 건진다. 채소를 처음부터
생선과 함께 넣으면 생선 거품이 달라붙어
먹음직스럽지 않고 실제로 맛도 나빠진다.
채소를 처음부터 넣고 끓여야 할 경우에는 냄비
바닥에 깐다. 그러면 생선 껍질이 벗겨지는 것도
방지할 수 있다.

조림 뚜껑으로 쿠킹 시트를 사용해보자

p.149의 만드는 과정 ⑥에서 조림용
나무 뚜껑 대신 사용한 것은
불소수지가공하여 열에 강한 쿠킹
시트다. 가벼워서 생선 위에 올려도 살이
뭉개지지 않고 껍질이 달라붙지 않는다.
냄비 바닥에 깔면 생선이 눌어붙는 것도
막을 수 있다.

볼락매실조림

매실을 넣어 단단한 살과 깊은 맛을 선사하는 조림 요리.

볼락매실조림

2인분
소요 시간 30분

재료 볼락…2마리(400g), 생강(껍질째 두껍게 썬 것)…2조각(15g)
우메보시…2개, 술…120ml, 고이구치 간장…25ml, 미림…50ml

곁들이 껍질콩…6개, 밀기울떡…40g, 샐러드유…1작은술

싱싱한 볼락 고르는 법
볼락은 봄을 알리는 생선의 대명사다.
몸통에 광택이 있는 것을 고른다.
등지느러미와 아가미뚜껑이 날카로우므로
손질할 때 조심한다.

1 볼락을 손질하여 p.155 참조 채반에 올리고 키친타월을 덮은 뒤 80℃의 뜨거운 물을 끼얹는다.

2 가운데에 길게 넣은 칼집이 벌어지면 속살이 하얗게 되었는지 확인한다.
　*물 온도가 낮으면 비린내가 가시지 않고 지나치게 높으면 살이 휘어진다.

3 팬에 생강, 술, 고이구치 간장, 미림을 넣고 센 불로 끓이다가 손질한 볼락을 보이는 면이 위로 가게 하여 넣는다.

4 국자로 양념 국물을 떠서 볼락에 끼얹는다.
　*칼집을 넣은 두툼한 부분에 많이 뿌려 고루 익도록 한다. 이때 뒤집지 않는다.

5 우메보시는 손으로 눌러 살을 찢은 뒤 씨가 있는 채로 넣는다.
　*우메보시를 넣으면 감칠맛이 더해지고 생선 특유의 냄새가 제거되어 맛이 깔끔해진다.

6 쿠킹 시트를 덮고 p.149 참조 중간 불에서 6~7분 정도 끓인다. *국물은 계속 끓는 상태를 유지한다.

7　국물이 졸면 쿠킹 시트를 꺼낸다. *국물이 거의 남아 있지 않을 때는 물을 넣는다.

8　팬을 한쪽으로 기울여 국자로 국물을 뜬 뒤 살이 두툼한 부분에 뿌려 윤기를 더한다.

9　껍질콩은 염도 1%의 끓는 물에 넣고 살짝 데쳐 심을 제거한 뒤 채반에 올려 식힌다.

10　밀기울떡은 1cm 폭으로 잘라 샐러드유를 두른 팬에 올리고 표면이 노릇하게 굽는다.

11　⑧의 팬에서 볼락을 꺼내 그릇에 담는다. *살이 부서지기 쉬우므로 뒤집개와 젓가락을 함께 사용하여 옮긴다.

12　볼락을 건지고 남아 있는 국물은 한소끔 끓여 윤기가 돌게 한다..

13　⑪의 볼락 위에 ⑫의 국물을 우매보시와 함께 끼얹은 뒤 밀기울떡과 껍질콩을 올린다.

볼락 손질법

칼을 꼬리에서 대가리 쪽으로 움직여 비늘을 벗긴 뒤 아가미 주변과 배의 비늘을 남김없이 제거한다.

담을 때 아래로 가는 쪽 배에 3~4cm 길이로 칼집을 넣는다.

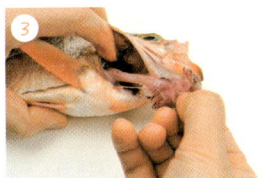
아가미뚜껑을 벌리고 아가미와 몸통이 연결된 부분을 자른 뒤 아가미를 손가락으로 잡고 당겨서 내장째 뺀다. *중간에 내장이 끊어질 수 있으므로 천천히 잡아당긴다.

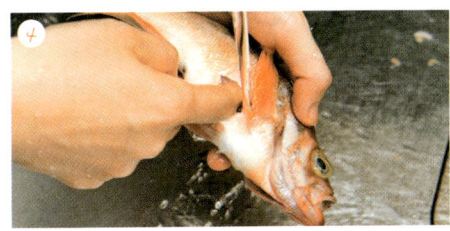
배 쪽 칼집에 손가락을 넣고 속을 문질러 남아 있는 내장과 혈합육을 꺼내고 흐르는 물로 씻는다. 꼬리를 잡고 거꾸로 들어 입으로 물기가 빠져나가도록 한 뒤 행주로 물기를 닦는다.

살이 두툼한 부분을 골라 대가리에서 꼬리 쪽으로 중간뼈에 닿을 때까지 칼집을 길게 넣는다. *살에 양념이 잘 배어들고 뼈에서 감칠맛이 우러나온다.

Point
뜨거운 물을 끼얹을 때는 키친타월을 덮자
살이 연해 잘 부서지는 생선은 뜨거운 물을 직접 부어서는 안 된다. 이때는 생선 위에 키친타월을 덮고 뜨거운 물을 부어야 칼집이 깔끔하게 벌어지고 열기가 균일하게 닿는다.

볼락 대가리부터 꼬리까지 키친타월로 완전히 덮은 뒤 뜨거운 물을 붓는다.

비린내 없이 맛있게 조리는 법

자주 해 먹는 생선조림에도 비법이 있다.

고등어된장조림

고등어와 비슷한 크기의 팬을 사용한다

고등어에 비해 팬이 지나치게 크면 국물이 주변으로 증발하여 고등어가 덜 익을 수 있다. 가능한 한 고등어 크기와 비슷한 팬을 사용한다.

볼락조림

불 세기는 중간 불 이상으로 조절한다

불이 약하면 조림 뚜껑으로 눌러도 국물이 끓어오르지 않는다. 조리하는 동안 국물이 보글보글 끓는 상태를 유지할 수 있도록 중간 불 이상에서 끓인다.

방어무조림

감칠맛과 향을 더한다

기름지고 진한 감칠맛과 깊이 있는 풍미를 내기 위해 조림 마무리 단계에서, 즉 방어와 무가 익었을 때 다마리 간장을 넣는다.

정어리매실조림

끓는 조림 국물을 고루 끼얹는다

정어리 살과 매실 맛이 잘 어우러지게 한다고 정어리를 뒤집지 말고 조림 뚜껑을 덮거나 국자로 국물을 떠서 정어리 위에 끼얹어 맛이 배게 한다.

조림이 맛있어지는 필수 손질법, 시모후리

시모후리는 생선조림을 할 때 가장 중요한 손질법이다. 조림 뚜껑을 덮은 생선에 80℃ 전후의 뜨거운 물을 뿌려 비늘과 이물질을 제거하는 것으로, 그릇에 담을 때 보이는 면에 칼집을 넣고 뜨거운 물을 끼얹으면 열기가 속까지 빨리 전달되어 모양이 흐트러지지 않는다. 서덜은 특히 비린내가 심한 만큼 소금을 뿌린 뒤 시모후리를 하거나 뜨거운 물에 살짝 담가 냄새를 제거한다. 생선은 오래 조리면 잡내가 나므로 단시간에 속까지 익히도록 한다. 또 국물이 식은 상태에서 생선을 넣으면 비린내가 국물에 옮겨가므로 반드시 국물이 끓기 시작한 뒤에 넣는다. 조림 뚜껑을 덮은 뒤에는 뚜껑 틈새로 보글보글 끓어오르는 정도를 보고 불 세기를 조절한다. 이렇게 하면 뒤집지 않아도 생선에 고루 양념이 밴다.

쑤기미튀김

못생겼지만 앙증맞은 쑤기미의
모습을 잘 살린 튀김 요리.

쑤기미튀김

싱싱한 쑤기미 고르는 법
쑤기미의 제철은 여름이다. 색은 빨강, 노랑,
검정 등 서식 장소에 따라 다르며 표면에
광택이 나는 것을 고른다.

2인분
소요 시간 40분

재료 쑤기미…2마리(400g), 녹말가루…적당량, 술…1작은술, 고이구치 간장…1작은술, 식용유…적당량

곁들이 당근…20g, 연근…30g, 오크라…2개, 영귤…1개

1. 쑤기미를 손질하여 등지느러미를 제거하면 **p.160 참조** 중간뼈가 드러난다. 중간뼈 양옆으로 깊숙이 칼집을 넣는다.

2. 배 껍질 바로 앞까지 중간뼈 옆으로 칼을 넣어 자른다. 이렇게 하면 속까지 열기가 닿아 살과 뼈가 바삭하게 튀겨진다.

3. 당근은 껍질을 벗기고 0.2cm 폭으로 둥글게 썰어 모양틀로 찍는다. *틀이 없으면 그대로 사용한다.

4. 연근은 껍질을 벗기고 표면에 세로로 작게 칼집을 넣어 꽃 모양을 만든 뒤 0.2cm 폭으로 썰어 식촛물(분량 외)에 담가 쓴맛을 뺀다.

5. 오크라는 꼭지를 떼고 꼭지 주변을 칼로 벗긴 뒤 소금(분량 외)으로 문질러 솜털을 제거한다.

6. 넓은 그릇에 손질한 쑤기미를 넣고 술과 고이구치 간장을 고루 뿌려 손으로 문지른 뒤 잠시 두어 양념이 배게 한다.

7. 키친타월로 물기를 가볍게 닦는다. *물기가 남아 있으면 녹말가루가 많이 묻는다.

8. 쑤기미에 녹말가루를 묻힌다. 등의 살과 중간뼈에도 꼼꼼하게 묻힌 뒤 손으로 톡톡 쳐서 여분의 가루를 턴다.

9. 170℃로 가열한 기름에 모양낸 당근과 연근을 넣고 튀긴다. 표면이 노릇해지면 망에 건져 기름을 뺀다.

10 170℃로 가열한 기름에 오크라를 넣고 튀기다가 기름에 거품이 없어지면 망에 건져 기름을 뺀다.
채소를 튀긴 뒤 저온의 오븐에 구우면 바삭바삭해진다.

11 기름 온도를 180℃로 올린 뒤 쑤기미 꼬리를 잡고 대가리부터 가만히 넣는다.

12 기름 속에 살이 전부 잠기도록 넣고 젓가락으로 뒤집어 모양을 정돈한다.
살이 덜 익어 부드러울 때 형태를 예쁘게 만진다.

13 쑤기미가 노릇하게 튀겨지면 망에 건져 기름을 뺀다.
등에 낸 칼집에 기름이 고여 있을 수 있으므로 거꾸로 들어 기름을 완전히 뺀 뒤 옮긴다.

14 영귤에 프티 나이프*를 대고 지그재그로 움직여서 한 바퀴 돌려가며 잘라 반으로 나눈다.
프티 나이프: 과일이나 채소를 둥글게 깎을 때 사용하는 칼.

15 그릇에 얇은 종이를 깔고 튀긴 쑤기미를 담은 뒤 당근과 연근, 오크라, 영귤로 장식한다.

Tip

녹말가루를 쑤기미 전체에 꼼꼼하게 묻힌다
생선살에 녹말가루를 꼼꼼하게 묻혀야 바삭하게 튀겨진다. 벌어진 등 부분을 손가락으로 누른 채 빠뜨린 곳 없이 묻힌다.

여분의 가루는 톡톡 쳐서 턴다.
녹말가루를 묻히면 바로 튀긴다.

쑤기미 손질법

쑤기미 등지느러미에는 맹독이 있으므로 가시를 만지지 말고 제거한다. p.161 참조

몸통을 누른 채 등에서 꼬리까지 중간뼈 위로 깊게 칼집을 넣는다.

방향을 바꿔 등지느러미 위쪽 살에 중간뼈 위로 깊게 칼집을 넣는다. *살을 들어 올리면서 칼을 넣으면 자르기 쉽다.

등지느러미 양쪽으로 칼집을 넣었으면 등지느러미를 칼로 누른 채 몸통을 당겨 떼어낸다.

항문에 칼을 넣어 배를 1~2cm 정도 자른 뒤 항문과 내장의 연결 부분을 자른다.

아가미뚜껑을 벌리고 아가미 연결 부분 2군데를 자른다. 반대편도 같은 방법으로 작업한다. *칼로 자르기 어려우면 주방가위를 사용한다.

아가미를 잡아당겨 내장을 꺼낸다. 턱이 빠지지 않도록 한 손으로 턱을 누른 채 천천히 잡아당긴다.

배 속에 남아 있는 내장은 배 쪽 칼집에 손가락을 넣어 꺼낸다.

손질한 쑤기미를 물에 담근 채 배의 칼집과 아가미뚜껑에 손가락을 넣어 문질러가며 씻는다. 꼬리를 잡고 거꾸로 들어 입으로 물을 뺀다.

행주로 물기를 닦는다. 배 속과 칼집을 넣은 등도 꼼꼼하게 닦는다.

주의해야 하는 해산물

손질 도중 무심결에 다치거나 그대로 먹지 않도록 꼼꼼하게 손질한다.

쑤기미 등지느러미의 독

등지느러미의 가시에는 맹독이 있으므로 등지느러미를 통째로 자른다. 주방가위로 가시를 먼저 자른 뒤 등지느러미를 자르면 안전하게 손질할 수 있다.

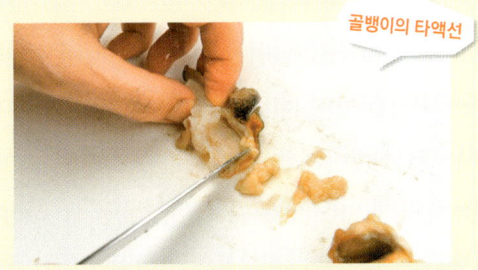

골뱅이의 타액선

살을 가르면 흰 기름 덩어리처럼 생긴 타액선이 보인다. 이 안에 식중독을 일으키는 물질이 들어 있으므로 살 안쪽에 붙은 것까지 꼼꼼하게 떼어낸다.

게의 아가미

몸통과 다리의 연결 부분 위쪽으로 주름이 수없이 겹친 것 같은 형태의 아가미가 있다. 이것은 배딱지를 떼어낸 뒤 등딱지와 분리하여 1개씩 떼어낸다.

가다랑어의 기생충

아니사키스라는 실밥처럼 생긴 벌레가 기생하는 경우가 많다. 익혀 먹으면 상관없지만 날로 먹을 때는 반드시 제거해야 한다. 사람 몸 속에 들어가면 복통과 구토를 일으킨다.

알아두면 안심하고 먹을 수 있다

생선 중에는 날카로운 지느러미나 균을 갖고 있는 것이 많기 때문에 다룰 때 주의해야 한다. 그중에서도 가시가 있는 생선은 잘못하면 조리 도중 다칠 수 있다. 쏠배감펭과 독가시치처럼 지느러미에 독이 있는 생선은 목장갑이나 고무장갑을 끼고 손질하여 무심결에 찔리지 않도록 대비한다. 농어는 독은 없지만 등지느러미와 아가미뚜껑이 날카로워 벨 수 있다. 살 때 바로 손질을 부탁하거나 미리 제거한 것을 사면 편하다.
위생 관리가 되지 않는 자연산 해산물의 경우 기생충이 있는 경우가 많다. 해산물에 붙어사는 기생충 중에 사람에게 해를 끼치는 것은 많지 않지만 가다랑어나 오징어에 기생하는 아니사키스, 연어나 송어에 기생하는 촌충은 날로 먹지 않도록 주의해야 한다. 둘 다 가열하거나 냉동하면 죽는다.

조기다시마찜

실처럼 가늘게 썬 다시마를 얹어 촉촉하게 찐 생선 요리.

조기다시마찜

싱싱한 조기 고르는 법
조기의 제철은 봄부터 가을까지다. 표면에 탄력이
있고 비늘이 단단하게 붙은 것을 고른다.

2인분
소요 시간 40분

재료 조기…2마리(500g), 도로로곤부*…10g, 술…1큰술, 소금…½작은술, 후춧가루…1꼬집
*도로로곤부: 다시마를 가늘게 썰어서 만든 가공식품.

곁들이 죽순(데친 것)…100g, 껍질콩…8개

1. 조기는 내장을 제거하고p.165 참조 양면에 몸통 방향과 수직으로 칼집을 1~2cm 간격으로 넣는다.p.28 칼집 넣기 참조

2. 조기 양면에 소금과 후춧가루를 뿌린 뒤 칼집 사이도 문질러 간이 배게 한다. 찜통에 물을 가득 넣고 끓인다.

3. 죽순 밑동 주변의 돌기는 쓴맛이 나므로 얇게 벗긴다.
   *돌기를 제거하면 모양이 깔끔해진다.

4. 죽순은 세로로 반을 자르고 가로로 2등분한 뒤 윗부분은 빗 모양으로 썰고 아랫부분은 1cm 폭으로 은행잎썰기한다.

5. 죽순에 붙은 흰 부분을 이쑤시개로 떼어내고 씻는다.
   *티로신이라는 아미노산의 일종으로 제거하지 않아도 해는 없다.

6. 내열 용기에 도로로곤부 ⅓분량을 깔고 조기를 담을 때 보이는 쪽을 위로 가게 하여 올린 뒤 나머지 도로로곤부로 덮고 술을 뿌린다.

7 ⑥을 내열 용기째 나무 찜통에 넣고 ⑤의 죽순을 조기 주변에 올린다.

8 꼬리지느러미가 삐져나오면 주방가위로 자른다.

9 ②의 김이 오른 찜통에 나무 찜통을 올린 뒤 뚜껑을 덮고 중간 불에서 10분 정도 찐다.

10 껍질콩의 꼭지 부분을 꺾고 심을 잡아당겨 제거한다.

11 뚜껑을 열고 조기 항문 근처 꼬리지느러미에 있는 굵은 뼈를 잡아당긴다. *쑥 빠지면 살이 속까지 다 익은 것이다.

12 조기가 익었으면 껍질콩을 올리고 뚜껑을 덮고 2분 정도 찐다. *껍질콩은 살짝 익혀 선명한 녹색이 나게 한다.

13 조기를 뒤집개로 떠서 그릇에 옮긴 뒤 죽순과 껍질콩으로 장식하고 국물을 숟가락으로 떠서 조기 위에 뿌린다.

Point 생선을 씻은 뒤 도마에 올린 상태로 옮긴다
입으로 내장을 빼내고 씻은 뒤에는 생선 안에 물이 많이 들어 있으므로 꼬리를 잡고 거꾸로 들어 입으로 물을 빼낸다. 생선살이 상하지 않도록 먹지 않는 꼬리 부분을 잡고 옮긴다.

생선이 미끄러울 때는 행주로 감싸서 들거나 도마, 그릇에 담은 채 옮긴다.

뼈가 쑥 빠지지 않으면 다시 뚜껑을 덮고 몇 분 정도 더 찐다.

속까지 잘 익었는지는 뼈로 확인한다
생선이 속까지 완전히 익으면 항문 근처의 가장 굵은 뼈가 쑥 뽑힌다. 생선살을 건드리지 않고도 익은 정도를 확인할 수 있으므로 모양을 그대로 유지한 채 그릇에 담을 수 있다.

조기 손질법

비늘치기로 비늘을 벗긴다. 지느러미 주변과 대가리에 있는 비늘은 칼끝으로 제거한다.

항문에 주방가위를 넣어 배 쪽으로 1~2cm 정도 진집을 넣는다.

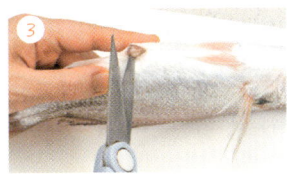

항문과 내장의 연결 부분을 주방가위 끝으로 떠서 자른다.

아가미뚜껑을 벌리고 아가미의 위아래 연결 부분을 주방가위로 자른다. 반대쪽도 같은 방법으로 작업한다.

나무젓가락을 입에서 항문까지 찔러 넣는다. 항문이 찢어지지 않도록 항문 바로 앞까지만 넣는다.

나무젓가락 한 짝을 입으로 넣고 아가미를 꿰어 내장을 지나 항문 앞까지 밀어 넣는다. 나머지 한 짝도 같은 방법으로 반대쪽 아가미를 꿰어 항문 앞까지 넣어 서로 교차시킨다.

아가미뚜껑을 눌러 쥐고 나무젓가락으로 내장을 단단히 잡은 채 돌리면서 천천히 당겨 아가미와 내장을 입으로 빼낸다.

내장이 나무젓가락에 돌돌 말린 느낌이 들었을 때 조기를 반대 방향으로 돌리면 쉽게 빼낼 수 있다. *턱이 빠지지 않게 주의한다.

흐르는 물을 입으로 넣고 항문으로 빼낸다. 입으로 나무젓가락을 넣어 배 속에 남아 있는 내장과 혈합육을 긁어낸 뒤 씻는다.

항문으로 혈합육이 다 빠져서 투명한 물이 나올 때까지 씻는다. 꼬리를 잡고 거꾸로 들어 몸통 안에 남아 있는 물기를 입으로 빼낸 뒤 물기를 닦는다.

가자미 인기 메뉴

중국식 가자미찜

마늘오일을 넣어 담백한 가자미에
감칠맛을 더한 요리.

중국식 가자미찜

2인분
소요 시간 30분

재료 가자미…2마리(400g), 대파(녹색 부분)…40g, 생강(껍질째)…15g
청경채…1포기(120g), 사오싱주*…1큰술, 고이구치 간장…1큰술
*사오싱주: 중국 사오싱 지방에서 나는 양조주.

곁들이 자차이*…30g, 대파(흰 부분)…20g, 생강…8g
*자차이: 중국식 김치.

마늘오일 마늘…1쪽, 샐러드유…2큰술

싱싱한 가자미 고르는 법
가자미의 제철은 겨울이다. 살이 두껍고
비늘이 촘촘하게 붙어 있으며 점액이
없고 배가 흰 것을 고른다.

1. 대파의 파란 부분은 5cm 길이로, 생강은 껍질째 0.2cm 폭으로 얇게 자른다.

2. 청경채는 밑동에 십자로 칼집을 넣고 손으로 벌려 찢은 뒤 줄기를 물에 담근 채 흔들어 씻는다.

3. 자차이, 대파 흰 부분, 생강은 채 썬다. 마늘은 섬유질과 직각 방향으로 얇게 저민다.

4. 가자미를 손질한다. **p.168** 참조 내열 용기에 ①의 대파와 생강을 각각 ⅓분량씩 흩뜨려 넣고
   그 위에 가자미, 나머지 대파, 생강 순으로 올린다.

5. 사오싱주를 가자미 전체에 고루 둘러 뿌린다.

6. 내열 용기에 랩을 팽팽하게 씌우고 전자레인지에서 3분 정도 가열하여 익힌다.

7. 전자레인지에서 꺼내 고이구치 간장을 뿌리고 ②의 청경채로 덮은 뒤 다시 랩을 씌워
   전자레인지에서 1분 30초 정도 가열한다.

8. 청경채가 나긋나긋해지고 녹색이 되면 전자레인지에서 꺼낸다.
   *청경채는 녹색이 선명하고 아삭한 식감이 날 때 먹어야 맛있다.

9 익힐 때의 순서와 반대로 청경채를 그릇에 깔고 그 위에 가자미를 올린다.
   *가자미 살이 부드러워진 상태이므로 모양이 망가지지 않도록 뒤집개로 옮긴다.

10 내열 용기 안에 남아 있는 국물을 체에 거른다. 대파와 생강을 눌러 국물을 짠다.

11 완성 그릇에 청경채와 가자미를 나란히 담고 국물을 끼얹은 뒤 ③의 자차이, 대파, 생강을 올린다.

12 프라이팬에 샐러드유와 ③의 마늘을 넣고 약한 불로 가열한 뒤 마늘이 노릇해지면 체에 거른다.

13 걸러낸 마늘오일을 프라이팬에 다시 넣고 연기가 날 때까지 센 불로 가열한다.

14 ⑪의 가자미에 마늘오일을 끼얹는다.
   *지글지글하는 소리가 나면서 전체에 마늘의 풍미가 스며들고 윤이 나 먹음직스럽게 보인다.

15 ⑫의 마늘을 가자미 위에 올려 장식한다.

가자미 손질법

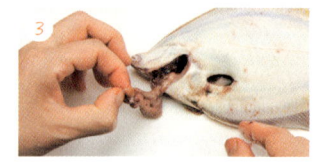

칼등으로 가자미 꼬리에서 대가리 쪽으로 긁어 비늘과 점액을 제거한다. *아가미뚜껑에 손가락을 걸고 누른 채 작업하면 편하다.

가자미를 뒤집어 배에 3cm 정도 칼집을 넣는다. 아가미뚜껑을 벌리고 아가미 연결 부분을 손으로 집어 끊는다.

배 쪽 칼집에 손가락을 넣고 내장을 입 쪽으로 밀어 올린 뒤 아가미뚜껑으로 아가미와 내장을 잡아당겨 빼낸다.

볼에 물을 담고 가자미를 담가 배 속을 씻는다. 이 아가미뚜껑과 배 쪽 칼집에 손가락을 넣어 내장과 혈합육을 긁어내고 깨끗하게 씻는다.

물기를 닦고 가자미가 왼쪽을 향하게 놓는다. 살이 두꺼운 부분에 등뼈 깊이까지 4~5개의 칼집을 넣는다. p.28 참조

아시아의 해산물 조미료

해산물이 주원료인 아시아 각국의 조미료에 대해 알아보자.

남플라nam pla

작은 생선을 발효, 숙성시킨 타이식 생선 소스. 향이 독특한데 가열하면 약해진다.

사용법
해산물과 궁합이 잘 맞아 가다랑어포를 우린 맛국물과 잘 어울린다. 국물 요리에 살짝 넣으면 순식간에 타이 요리로 변신한다.

누옥맘nuoc mam

베트남식 생선 소스로 우리나라의 멸치액젓이나 까나리액젓과 비슷하다. 제조법은 남플라와 비슷하지만 그보다는 짠맛이 약하다.

사용법
베트남쌈 소스인 누옥참nuoc cham을 만들 때, 쌀국수나 볶음 요리의 양념으로 사용한다.

일본의 해산물 조미료

숏쓰루(도루묵맑은액젓)
아키타 지방의 특산품인 도루묵을 소금에 절여 발효시킨 것. 숏쓰루나베*에 꼭 들어가고 탕두부나 파스타와도 잘 어울린다.

*숏쓰루나베: 숏쓰루로 맛을 낸 국물 요리로 도루묵, 버섯, 달래, 우엉, 두부, 파 등을 넣어 끓인다.

이시루
오징어에 소금을 뿌린 뒤 발효시켜 만든다. 짠맛이 강해 모든 요리에 소금 대신 사용하기도 한다. 전골이나 다키코미고항(솥밥)을 만들 때도 사용한다.

카피kapi

작은 새우를 소금에 절여 발효시킨 뒤 갈아 으깬 타이 소스. 짜고 발효식품 특유의 냄새가 난다.

사용법
볶음밥이나 수프의 간을 맞출 때 사용한다. 적은 양을 넣어도 충분하다.

굴 소스oyster sauce

소금에 절인 굴을 발효시킬 때 나오는 진액이 베이스인 소스로 걸쭉하고 굴의 풍미가 가득하다.

사용법
조금만 넣어도 중국 요리 풍미가 난다. 주로 볶음 요리에 사용한다.

동남아시아에서는 생선 소스가 조미료의 주류를 이룬다

타이의 남플라, 베트남의 누옥맘 같은 생선 소스는 동남아시아에서 애용하는 소스들이다. 본래 생선 소스는 젓갈을 만들 때 생기는 위쪽의 맑은 국물을 조미료로 사용했던 것에서 시작되었다. 감칠맛이 감도는 짠맛 덕분에 주식인 쌀을 맛있게 먹을 수 있어 각지로 널리 퍼져나갔다. 생선 소스의 감칠맛은 발효될 때 생선 내장과 살에 들어 있는 효소가 단백질을 분해하여 글루타민산 등의 성분으로 변화되면서 생성된다. 적은 양만 넣어도 감칠맛이 나기 때문에 볶음이나 국물 요리에 풍미를 더할 때 사용하면 좋다. 독특한 향은 가열하면 약해진다. 동남아시아에서는 생선 소스가 주요 조미료로 자리매김하고 있어 고추나 감귤류를 찍어 먹거나 수프에 넣어 간을 맞추는 등 간장과 비슷한 용도로 사용된다.

Chapter 5

게·문어·오징어·새우

Crab. Actopus. Squid. Shrimp

요리에 어울리는 그릇 고르기

그릇도 요리를 즐기는 요소 중의 하나다

그릇을 선택할 때 가장 먼저 고려해야 할 점은 재질과 모양이다. 해산물을 담았던 그릇에는 비린내가 남을 수 있으므로 흡수성이 있고 냄새가 잘 배는 도기 그릇은 사용하지 않는 게 좋다. 꼭 도기 그릇을 사용해야 할 경우 얇은 종이를 깔아 생선이 직접 닿지 않도록 한다. 통생선구이일 경우 대가리나 꼬리가 삐져나오지 않을 정도로 큰 그릇을, 생선조림일 경우 국물이 흘러넘치지 않을 정도로 오목한 그릇을 사용한다. 튀김은 통기성이 좋은 대나무로 짠 그릇에 담는 것이 좋다.

그다음은 색깔과 무늬를 고려한다. 메인 요리의 색 배합이 자연스럽게 돋보이도록 색깔이 차분하고 무늬가 화려하지 않은 것을 고른다. 흰색 그릇은 음식 색을 두드러지게 하므로 많이 사용된다. 조림 요리는 자칫 단조로워 보일 수 있으므로 도안을 넣어 멋을 낸 그릇을 사용하면 좋다. 회는 색깔이 시원해 보이는 그릇에 담아 신선해 보이도록 한다.

기본

도기 그릇은 흡수성이 있으므로 물기를 잘 흡수하지 않는 자기 그릇을 사용하는 것이 좋다. 무늬가 단순하고 어느 정도 길이와 깊이가 있는 직사각형 접시가 사용하기 편하다.

회

차가운 느낌의 유리 제품이나 시원한 느낌을 주는 청색, 흰색 그릇이 적합하다. 물기를 잘 흡수하지 않는 자기 그릇을 사용한다.

생선구이

흙 질감이 나고 따뜻한 느낌이 감도는 것이 적당하다. 요리를 담았을 때 삐져나오지 않을 정도로 큰 직사각형 모양 접시를 사용한다.

조림

어느 정도 깊이가 있는 오목한 그릇을 사용한다. 조림 요리는 투박해 보일 수 있으므로 무늬가 있는 화려한 그릇이 좋다. 형태는 타원형이나 직사각형 모두 잘 어울린다.

물이 연상되는 유리그릇.

소박한 색깔에서 온기가 느껴진다.

타원형 그릇은
생선조림을 담기에 알맞다.

연하늘색 그릇은 시원한 느낌이 든다.

모던한 색 배합이 생선 고유의
색감을 살려준다.

무늬를 넣은 그릇은 요리 모양을 한층 더
화려하게 연출한다.

게 인기 메뉴

삶은털게

게 내장으로 만든 특제 소스로
맛을 배가시킨 요리.

172

삶은털게

2인분
소요 시간 50분

__재료__ 털게(산 것)···1마리, 술···1큰술

__게식초__ 생강···8g, 맛국물···3큰술, 우스구치 간장···2큰술, 식초···2큰술

__게내장소스__ 털게 내장···1마리 분량, 마요네즈···2큰술, 칠리소스···½큰술

싱싱한 털게 고르는 법
털게의 제철은 겨울이다. 등딱지가
적갈색인 것을 고른다.

1   털게는 다리가 떨어지지 않도록 솔로 살살 문질러 씻는다.
    *게는 잡은 뒤 빨리 삶지 않으면 서서히 살이 빠진다.

2   염도 1%의 팔팔 끓는 물(분량 외)에 술을 넣고 털게를 통째로 넣은 뒤 15분 정도 삶는다.
    *게가 심하게 움직일 때는 묶어서 넣는다.p.175 참조

3   7~8분 정도 지나 게에서 거품이 나오기 시작하면 집게로 뒤집어서 고루 익힌다.
    *게가 물속에 잠기지 않을 때는 조림 뚜껑을 덮는다.

4   털게를 채반에 건진 뒤 그대로 식혀 물기를 날린다. 배 부분의 삼각형 모양 딱지는 떼어낸다.

5   등딱지를 떼어내고 안에 붙은 내장은 숟가락으로 떠서 그릇에 담는다. 내장은 소스를 만들 때 사용한다.

6   몸통 양쪽에 붙은 흰 부분(아가미)은 먹을 수 없으므로 제거한다.

ㄱ   먹기 좋게 칼로 잘라 몸통과 다리를 분리한다. 같은 방법으로 집게발도 잘라 몸통과 분리한다.

8   잘라낸 다리와 집게발은 칼로 얇게 포를 뜨듯 껍질을 벗겨 살이 보이게 한다.
    *흰 쪽의 껍질이 얇아 쉽게 벗겨진다.

9   생강을 갈아 꼭 짜서 즙을 낸 뒤 우스구치 간장, 식초와 섞어 게식초를 만든다.

10   ⑤의 털게 내장에 마요네즈와 칠리소스를 넣고 섞어 게내장소스를 만든다.

11   처음의 털게 모양대로 등딱지와 다리를 그릇에 담고 게식초와 게내장소스를 따로 곁들인다.

삶은대게

2인분
소요 시간 30분
※먹는 방법은 p.176 참조.

재료 대게(산 것)…1마리, 술…1큰술

곁들이 조릿댓잎…3장

TIP
싱싱한 대게 고르는 법
대게는 겨울이 제철이다. 다리를 눌렀을 때 푹
들어가지 않으면 살이 꽉 찬 것이다.

1. 대게는 표면을 솔로 문질러 이물질을 제거한다.
   *냉동 대게는 냉동 상태 그대로 씻어 해동한다. 해동한 뒤에 씻으면 게 고유의 감칠맛이 빠져나간다.

2. 등딱지에 붙은 검은 반점이나 이물질은 숟가락으로 떼어낸다.
   *살살 문지르면 쉽게 떨어진다.

3. 냄비에 염도 1%의 물(분량 외)을 가득 붓고 술을 넣은 뒤 센 불로 팔팔 끓인다.

4. 끓는 물에 대게를 통째로 넣고 끓는 상태를 유지하면서 15분 정도 삶는다.
   *대게가 냄비에 다 들어가지 않을 때는 다리를 꺾지 말고 옆으로 기울여 넣도록 한다.

5. 7~8분 정도 지나 대게에서 거품이 나오면 집게로 뒤집는다. 대게가 떠 있으면 위에서 누르든지 조림 뚜껑을 덮는다.

6. 대게가 빨갛게 익으면 소쿠리에 건져 식힌 뒤 그릇에 조릿댓잎을 깔고 그 위에 올린다.

삶은 게 먹는 방법

손질 요령만 터득하면 겨울이 제철인 게를 마음껏 즐길 수 있다.

01 게 다리를 하나씩 손으로 꺾어 몸통에서 떼어낸다.

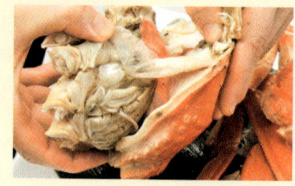

02 배 쪽의 삼각형 모양 딱지를 떼어낸다. 이때 생긴 틈으로 엄지손가락을 넣어 등딱지를 분리한다.

03 모래집을 제거하고 숟가락으로 내장을 꺼낸다. 얇은 막은 먹을 수 있으므로 남겨둔다.

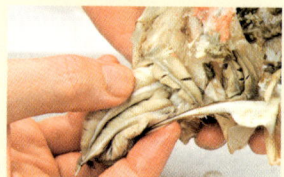

04 몸통 양쪽에 붙은 흰색 아가미는 먹을 수 없으므로 떼어낸다.

05 몸통을 반으로 자른 뒤 다시 옆면을 반으로 잘라 살을 꺼낸다.

06 다리는 관절을 꺾어 반으로 나누거나 사진처럼 칼집을 넣어 살을 꺼낸다.

07 집게발은 단단하므로 칼등으로 두들긴 뒤 관절을 꺾어 살을 꺼낸다.

완성
꺼낸 살을 등딱지에 담아내면 한층 더 맛깔스럽게 보인다.

있으면 편리한 도구!

게 포크 스푼
게 내장을 뜰 때는 스푼으로, 살을 꺼낼 때는 포크로 사용할 수 있어 편리하다.

게를 제대로 삶아서 맛있게 먹자

게는 위기 상황에서 자절自切, 즉 스스로 집게발이나 다리를 잘라내고 도망가는 방법으로 적에게서 자기 몸을 지킨다. 게는 삶는 동안에도 스스로 다리를 자르는 경우가 있다. 갓 잡은 게일수록 자절 가능성이 높기 때문에 살아 있는 게를 삶을 때는 주의해야 한다. 이때는 다리를 끈으로 묶거나 입을 도마 등으로 쳐서 기절시킨 뒤 삶는다. 게는 입 주변의 신경절, 즉 구부신경절이 뇌에 해당하기 때문에 이 부분을 때리면 뇌진탕을 일으켜 기절한다.

삶은 게는 다리도 맛있지만 농후한 맛이 나는 게 내장이나 산란기 암게가 품고 있는 알의 쫀득한 맛도 일품이다. 특히 털게의 내장은 비리지 않으면서 고소하여 그냥 먹어도 맛있고 게살에 버무려 먹거나 뜨겁게 데운 술에 섞어 마셔도 좋다.

문어 인기 메뉴

문어조림

깔끔한 밑손질로 부드럽게 조린 문어 요리.

177

문어조림

2인분
소요 시간 160분

재료 문어 다리…4개(800g), 맛국물…1ℓ, 다시마(사방 5cm)…1장
가다랑어포…15g, 미림…2큰술, 설탕…3큰술, 고이구치 간장…40ml
다마리 간장…4큰술, 물엿…1큰술

토란조림 토란…4개(240g), 쌀…1작은술(또는 쌀뜨물 300ml)
다시마(사방 3cm)…1장, 가다랑어포…3g, 맛국물…300ml, 설탕…1큰술
우스구치 간장…½작은술, 소금…¼작은술

곁들이 껍질콩…6개

TIP
싱싱한 문어 고르는 법
문어는 1년 내내 출하되지만 제철은 봄이다.
다리가 굵고 만졌을 때 빨판의 흡착력이
강한 것을 고른다.

1. 문어는 뜨거운 물에 슬쩍 데쳐서 **p.180 참조** 행주로 물기를 닦은 뒤 칼로 다리를 1개씩 잘라 떼어놓는다.

2. 냄비에 맛국물을 붓고 문어 다리를 끝부터 천천히 집어넣는다.
   *냄비 바닥에 쿠킹 시트나 대나무 껍질을 깔면 들러붙지 않는다.

3. 문어가 맛국물 속에 완전히 잠기도록 한다. 부족하면 물을 더 붓는다.

4. 국물 팩 속에 다시마와 가다랑어포를 넣는다. 토란조림에 사용할 것도 준비한다. *조림 뚜껑은 물에 적신다.

5. ③의 냄비에 ④의 국물 팩, 미림, 설탕을 넣는다.

6. 조림 뚜껑을 덮고 약한 불에서 2시간 정도 조린다.
   *조림 뚜껑을 덮으면 문어가 국물에 잠길 수 있고 물기가 증발하여 국물이 줄어드는 것을 방지한다.

7 토란은 표면을 솔로 닦아 말린 뒤 위아래를 잘라 둥글둥글한 육각형 모양으로 껍질을 벗기고 물에 잠시 담가 점액을 제거한다.

8 토란 중 큰 것은 세로로 2등분하여 냄비에 넣고 쌀 또는 쌀뜨물을 넣어 10분 정도 애벌삶기한다.
*쌀을 넣으면 하얗게 끓어오른다.

9 다른 냄비에 애벌삶기한 토란, ④의 국물 팩, 맛국물, 설탕을 넣고 토란이 익을 때까지 약한 불로 15분 정도 삶는다.

10 이쑤시개로 토란을 찔렀을 때 쑥 들어가면 우스구치 간장, 소금을 넣고 약한 불로 5분 정도 조린다.

11 ⑥의 문어가 빨갛게 되면 이쑤시개로 찔러보아 잘 조려졌는지 확인한다. 이쑤시개가 쑥 들어가면 속까지 다 익은 것이다.

12 고이구치 간장, 다마리 간장, 물엿을 넣고 10분 정도 약한 불로 조린다.
*물엿을 넣으면 농도가 진해져 국물이 걸쭉해진다.

13 불을 끄고 국물 팩을 꺼낸다. 문어는 국물에 담근 채로 상온까지 식혀서 건진다.
*싱거우면 조금 더 조린다.

14 식은 문어를 먹기 좋은 크기로 자른다.
*상온으로 식히면 살이 팽팽해져 자를 때 껍질이 벗겨지지 않는다.

15 껍질콩은 꼭지와 심을 떼고 염도 1%의 팔팔 끓는 물에 넣어 살짝 데친 뒤 채반에 담아 식힌다.

16 식힌 문어를 조림 국물에 넣어 데운 뒤 그릇에 ⑩의 토란과 함께 담고 조림 국물을 끼얹는다.
데친 껍질콩을 올려 장식한다.

문어 손질법

무 간 것으로 주물러 이물질과 점액을 제거
한다. 무 간 것이 검게 되면 물로 씻어내는 작
업을 5~6회 정도 반복한다.p.35 참조

점액이 거의 제거되고 빨판도 깨끗해지면 물
기를 닦아 행주 위에 올린 뒤 물기를 꼭 짠
행주로 덮는다.

밀대로 문어의 섬유질 조직이 끊어져 연해
질 때까지 두드린다. *빨판의 흡착력과 탄력
이 없어질 때까지 두드린다.

80℃의 뜨거운 물에 문어를 넣어 5초 정도
두었다가 찬물로 옮긴다. 단, 지나치게 오래
담그면 질겨지고 껍질이 찢어진다. *뜨거운
물에 살짝 담갔다가 씻으면 문어 특유의 비린
내가 제거된다.

찬물에 넣은 상태에서 문어 껍질이 찢어지
지 않도록 살살 씻는다.

Point

문어는 꼼꼼하게 씻어 이물질을 깨끗이 제거한다
무 간 것을 넉넉하게 준비한 뒤 여러 번에 걸쳐
반복해서 씻는다. 소금으로 대신해도 된다.
문어의 점액과 이물질을 제거할 때 빨판을 세심하게
씻어야 한다. 특히 빨판 속에는 이물질이 많으므로
무 간 것을 이용해 손가락으로 하나하나 세심하게
문질러 씻는다.

국물 양을 잘 조절하여 부드러운 문어조림을 만든다
문어를 조리는 동안은 문어가 완전히 국물에
잠긴 상태를 유지하도록 한다. 조리는 동안 물기가
날아가 국물 양이 줄어들면 중간에 물을 더 넣는다.
국물이 줄어들면 조림 뚜껑을 덮고 조리다가 문어가
부드러워지면 불을 끄고 문어를 꺼낸다.
국물이 싱거우면 문어를 꺼낸 뒤에 좀 더 끓인다.

문어와 오징어의 종류

각각의 종류와 특징을 자세히 알아보자.

주꾸미
몸길이 15~20cm 정도의 작은 문어로 겨울이 되면 쌀알처럼 생긴 알을 품는다. 초된장무침이나 데침 요리로 먹으면 쫄깃쫄깃한 식감을 즐길 수 있다.

호래기
작고 살이 연하며 조리하기 쉬우며 직화구이나 볶음 요리로 먹으면 맛있다.

오징어
오징어의 대표 격으로 마름모꼴 지느러미가 특징이다. 몸통이 얇고 담백한 맛이 나며 구이나 회 등 다양한 조리법으로 널리 이용된다.

한치
몸통은 원통형이고 몸길이는 30~40cm 정도 된다. 연하면서 씹는 맛이 좋고 단맛 나는 살은 회나 초밥 재료로 많이 이용된다.

갑오징어
몸통은 길쭉한 돔 모양이고 다리는 짧다. 먹물을 잘 뿜어대 '먹물오징어'라고도 불린다. 살이 두껍고 연하다.

참문어
시장에서 흔하게 접할 수 있는 문어로, 문어 중에서 가장 맛있다고 한다. 신선할 때 회로 먹는다.

오징어와 문어, 생김새는 비슷하지만 먹는 방법은 제각각이다

지중해 연안의 나라들을 제외한 서양 여러 국가에서는 문어를 '악마의 물고기'라 칭하며 불길하게 여겨 먹지 않는 것은 물론 문어가 어부나 선원들을 공격하는 '바다의 괴물'이라는 전설까지 전하고 있다. 유대교에서는 문어와 오징어 둘 다 '비늘 없는 물고기'라 하여 금기 음식으로 여긴다.

오징어와 문어는 위험이 닥치면 먹물을 뿜어 적으로부터 자신을 지킨다. 오징어 먹물은 젓갈에 넣거나 빵, 파스타 등의 반죽에 넣어 사용하지만 문어 먹물은 먹물 주머니가 떼어내기 어려운 곳에 있어 거의 활용되지 않는다.

먹물 외에 또 다른 공통점은 둘 다 빨판이 있는 것이다. 오징어 빨판은 딱딱한 각질로 이루어져 있어 먹잇감을 물고 늘어지듯이 잡을 수 있다. 반면 문어의 빨판은 부드러워 잘 달라붙는다. 문어 빨판은 회로 먹을 수 있지만 오징어 빨판은 제거한다.

오징어내장볶음&
오징어젓갈

오징어 내장으로 만드는 특별한 요리.

오징어내장볶음

오징어젓갈

오징어내장볶음

2인분
소요 시간 30분

재료 오징어…2마리(500g), 쪽파…10줄기, 생강…2g
술…50ml, 고이구치 간장…2큰술, 미림…2큰술, 버터…15g
샐러드유…1큰술

싱싱한 오징어 고르는 법①
오징어의 제철은 가을이다. 내장도 요리에
사용하므로 신선한 것을 구매해야 하며,
눈이 검고 투명한 것을 고른다.

1. 오징어는 뒤 페이지를 참조하여 손질한다. 몸통은 2cm 폭으로 자르고 지느러미는 2cm, 다리는 5cm 길이로 자른다.

2. 쪽파는 4cm 길이로 자르고 생강은 곱게 채 썬다.

3. 팬에 샐러드유를 두르고 센 불로 가열하여 채 썬 생강을 볶는다. 생강 향이 나면 오징어 몸통, 지느러미, 다리를 넣는다.

4. 센 불에서 1분 정도 볶은 뒤 그릇에 옮긴다.

5. 같은 팬에 버터를 넣고 센 불로 가열하여 갈색이 나면 오징어 내장을 넣고 잘 섞으면서 볶는다.
   *내열 고무 주걱을 사용하면 편리하다.

6. 술, 고이구치 간장, 미림을 넣고 섞은 뒤 약한 불에서 2~3분 정도 끓인다. 알코올 성분이 날아가고 걸쭉한 느낌이 날 때까지 끓인다.

7. ④의 오징어를 ⑥의 팬에 다시 넣고 고루 버무린 뒤 ②의 쪽파를 넣고 살짝 볶아 그릇에 담는다.

오징어 손질법

오징어 몸통 안쪽에 손가락을 넣어 내장 연결 부분을 떼어낸 뒤 내장이 터지지 않도록 다리를 가만히 잡아당긴다. 연골도 잡아당겨 제거한다.

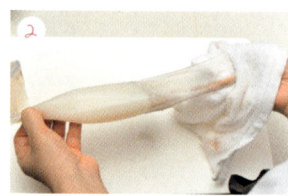

몸통 안을 깨끗이 씻는다. 몸통 끝에서 지느러미를 벗겨내듯이 떼어낸 뒤 각각의 껍질을 벗긴다.

내장과 다리는 눈 아래에서 잘라 분리한 뒤 다리에 붙어 있는 입을 자른다. 빨판은 칼등으로 긁어서 제거한다.

긴 두 다리는 나머지 다리와 길이를 맞춰 자른다.

눈은 잘라 제거하고 먹물 주머니는 살살 잡아당겨 떼어낸다. 내장은 뭉개지지 않도록 주의하며 2cm 폭으로 자른다.

오징어젓갈

2인분
소요 시간 30분
※오징어 말리는 시간, 내장을 냉장고에 넣는 시간 불포함.

재료 오징어…1마리(250g), 소금…적당량

곁들이 영귤 껍질…조금, 청차조기 꽃대…1개

싱싱한 오징어 고르는 법②
몸통이 붉은 것이 신선하다.

1. 오징어는 옆 페이지를 참조하여 손질한다. 내장은 소금 ½큰술을 뿌리고 랩으로 싸서 냉장고에 넣어 2시간 정도 재운다.

2. 손질한 오징어는 3cm 길이로 잘라 채반이나 소쿠리에 띄엄띄엄 담고 30cm 정도 높이에서 소금 ⅓작은술을 뿌린다.

3. 통풍이 잘되는 곳에 ②를 놓고 30분 정도 물기를 말린다. *선풍기로 말려도 된다.

4. 오징어에 소금 간이 배고 물기가 마르면 몸통, 지느러미, 다리를 가늘게 자른 뒤 몸통과 다리를 섞어 반으로 나눈다.

5. ①의 내장을 물로 씻어 표면의 소금을 제거한다. 볼에 내장과 소금 ½큰술을 넣고 섞은 뒤 다시 1시간 정도 냉장실에 넣어둔다.

6. 내장을 물로 씻어 소금을 제거하고 물기를 닦는다. 고운체에 담고 으깨어 걸러낸 뒤 반으로 나누어 ④의 ½분량 오징어와 버무린다.

7. 먹물 주머니도 고운체에 걸러 나머지 내장, 오징어와 함께 버무린다. ⑤와 ⑥을 각각 그릇에 담고 영귤 껍질과 청차조기꽃대를 올려 장식한다. *시판 오징어 먹물 페이스트를 넣어도 된다.

² 오징어 손질법

몸통 안쪽에 손가락을 넣어 내장 연결 부분을 떼어낸 뒤 내장이 터지지 않도록 다리를 가만히 잡아당겨 떼어낸다. 연골도 잡아당겨 제거한다.

지느러미를 잡아당겨 몸통에서 분리한 뒤 몸통과 지느러미의 껍질을 벗긴다. ***행주를 사용하면 미끄러지지 않고 잘 벗겨진다.**

몸통 안쪽의 연골이 붙은 부분에 칼을 넣어 배를 가른 뒤 물로 씻고 물기를 닦는다.

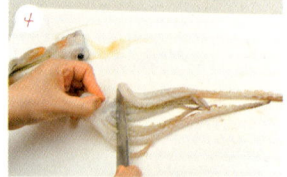

내장과 다리는 눈 아래에서 잘라 분리한 뒤 다리에 붙어 있는 입을 잘라 제거한다. 긴 두 다리는 나머지 다리와 길이를 맞춰 자르고 칼등으로 빨판을 긁어낸 뒤 물로 씻고 물기를 닦는다.

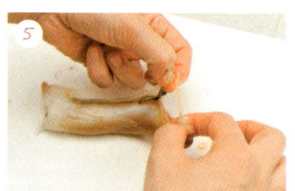

내장에 붙은 눈은 잘라내고 먹물 주머니는 터지지 않도록 살살 잡아당겨 뗀 뒤 버리지 말고 남겨둔다.

³ 오징어 손질법

몸통 안쪽에 손가락을 넣어 내장과 연결된 부분을 떼어낸 뒤 내장과 다리를 가만히 잡아당겨 빼낸다.

몸통 안에 있는 연골을 잡아당겨 제거한다.

흐르는 물로 몸통 안을 씻어 남아 있는 내장을 제거한다. ***그래도 남아 있을 경우에는 숟가락으로 긁으면 깨끗하게 떨어진다.**

눈 아래를 잘라 내장과 다리를 분리한다. 다리 위 안쪽에 있는 입도 잘라 제거한다.

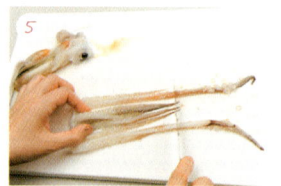

다리의 빨판은 칼등으로 긁어 제거하고 물로 씻는다. 긴 두 다리는 나머지 다리와 길이를 맞춰 자른다.

오징어순대

2인분
소요 시간 100분
※찹쌀 불리는 시간 불포함.

재료 오징어…2마리(500g), 찹쌀…½컵(90g)
A(술…1큰술, 고이구치 간장…1큰술)
B(술…4큰술, 고이구치 간장…1½큰술, 미림…3큰술)
설탕…1½큰술, 맛국물…4컵(800ml), 녹말물…녹말가루
½작은술+물 ½작은술

곁들이 소송채…60g

싱싱한 오징어 고르는 법③
눈이 검고 빨판을 만졌을 때
흡착력이 있는 것을 고른다.

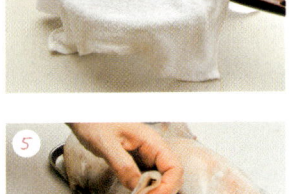

1. 찹쌀은 물을 3~4회 갈아가며 씻은 뒤 물에 담가 하룻밤 동안 불린다.

2. 불린 찹쌀은 소쿠리에 밭쳐 30분 정도 물을 뺀다.
 *젖은 행주를 꽉 짜서 찹쌀이 마르지 않도록 덮는다.

3. 오징어는 옆 페이지를 참조하여 손질한 뒤 다리를 0.5cm 길이로 자른다. 그릇에 ②의 찹쌀, 오징어 다리, A를 넣고 잘 섞는다.

4. 오징어 몸통 입구를 손으로 벌리고 ③의 찹쌀을 넣는다. *찹쌀은 물기를 흡수하면 팽창하므로 오징어 몸통 속에 60~70% 정도만 넣어
 공간을 남겨놓는다.

5. 오징어 몸통 입구를 이쑤시개로 꿰매듯이 봉한 뒤 위에서 눌러 속 재료를 평평하게 편다.
 *입구를 봉하지 않으면 안이 꽉 차지 않아 찹쌀이 부드럽게 익지 않는다.

6. 오징어가 팬 바닥에 눌어붙지 않도록 쿠킹 시트나 대나무 껍질을 깐다.

7 ⑥의 팬에 B를 넣고 ⑤의 오징어를 올린다. *오징어가 통째로 늘어갈 만큼 깊은 팬이나 냄비를 사용한다.

8 조림 뚜껑을 덮고 센 불로 가열한다. 팔팔 끓어오르면 약한 불로 줄이고 1분 정도 끓인다.

9 오징어가 부드럽게 익으면 조림 뚜껑을 열고 작은 국자로 국물을 고루 끼얹는다.
   *오징어는 뒤집으면 껍질이 찢어지므로 움직이지 않도록 한다.

10 속까지 완전히 익으면 오징어를 꺼내어 다른 팬으로 옮긴다.
   *껍질이 벗겨지지 않도록 쿠킹 시트째 옮긴다.

11 냄비에 남아 있는 국물은 표면에 거품이 보글보글 생길 때까지 센 불로 끓이다가 녹말물을 넣어 걸쭉하게 만든다.

12 ⑩의 오징어 위에 시누아즈*를 대고 ⑪의 국물을 부어 오징어 표면에 윤기를 더한다.
   *시누아즈chinois: 작은 구멍이 많이 난 원뿔형 여과기로 수프나 소스를 거르는 데 사용한다.

13 소송채는 염도 1%의 끓는 물에 데친다. 뿌리부터 넣은 뒤 숨이 죽으면 얼른 꺼낸다.

14 데친 소송채는 채반에 담고 부채질로 식힌 뒤 가볍게 물기를 짜서 3cm 길이로 자른다.

15 ⑫의 오징어에 반질반질 윤이 나면 꺼낸 뒤 이쑤시개를 돌려가며 빼낸다.
   오징어순대를 1.5cm 두께로 잘라 그릇에 담고 소송채를 곁들인 뒤 국물을 끼얹는다.

뚝딱 만드는 젓갈

재료에 따라 맛도 식감도 천차만별이다.

해삼창자젓갈
해삼 창자로 담근 젓갈로 뜨겁게 데운 술에 조금 넣으면 특별한 맛의 해삼창자술이 된다.

은어젓갈
은어 살과 내장으로 담근 젓갈로 특유의 향과 맛을 즐길 수 있다. 내장만 넣고 담그기도 한다.

게젓갈
작은 게로 담근 젓갈. 조미료와 고추를 넣고 발효시켜 매콤하다.

가다랑어내장젓갈
술안주로 그만인 젓갈로 술을 훔치고 싶을 만큼 맛있다는 의미로 '술 도둑'이라 불리기도 한다.

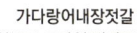

연어신장젓갈
백연어와 홍연어 수컷의 신장으로 담근 젓갈로 오래 숙성될수록 깊은 맛이 난다.

색다른 젓갈 요리

카나페

재료
가다랑어내장젓갈…2작은술, 크래커…4개, 오이…¼개, 크림치즈…1큰술, 아보카도…⅛개 방울토마토…½개

오이크림치즈카나페 만드는 법
크래커에 둥글게 썬 오이, 크림치즈, 가다랑어내장젓갈 순으로 올린다.

아보카도방울토마토카나페 만드는 법
크래커에 얇게 썬 아보카도와 방울토마토를 올리고 아보카도 위에 가다랑어내장젓갈을 얹는다.

새우 인기 메뉴 [1]

보리새우소금구이

노릇노릇하게 구워 고소한 구이 요리.

보리새우소금구이

2인분
소요 시간 15분

재료 보리새우(산 것)…2마리(60g)
고이구치 간장…1작은술, 미림…1작은술, 소금…약간

곁들이 만가닥버섯…30g, 레몬(빗 모양으로 썬 것)…적당량
조릿댓잎…1장

싱싱한 보리새우 고르는 법①
보리새우는 1년 내내 구할 수 있다.
꼬리의 무늬 색이 선명한 것을 고른다.

 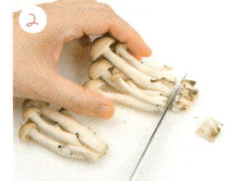 

1   보리새우는 뒤 페이지를 참조하여 손질한 뒤 꼬챙이를 끼우고 30cm 높이에서 소금을 뿌린다.
   *꼬챙이를 잡고 돌리면 전체에 고루 소금을 뿌릴 수 있다.

2   만가닥버섯은 밑동을 자르고 가닥가닥 나눈다.

3   보리새우 등이 아래로 가게 하여 구이 망에 올리고 센 불에서 양면을 2분 정도씩 굽는다.
   *죽은 새우일 경우에는 양면을 3분 정도씩 구워 속까지 익힌다.

4   새우 전체가 빨갛게 되면 ②의 만가닥버섯을 구이 망에 올려 굽는다. 고이구치 간장과 미림, 소금을 섞어 양념을 만든다.

5   만가닥버섯의 겉면이 살짝 구워지면 ④에서 준비한 양념을 바르면서 굽는다.
   새우 껍질이 노릇해지면 그릇으로 옮긴다. 새우 살은 반 정도만 익으면 된다.

6   새우에 꽂은 꼬챙이를 돌려가며 뽑은 뒤 대가리 껍질을 세워 모양을 낸다. *꼬챙이를 뺄 때 뜨거우므로 행주를 사용한다.

7   그릇에 조릿댓잎을 깔고 만가닥버섯과 레몬으로 장식한다.

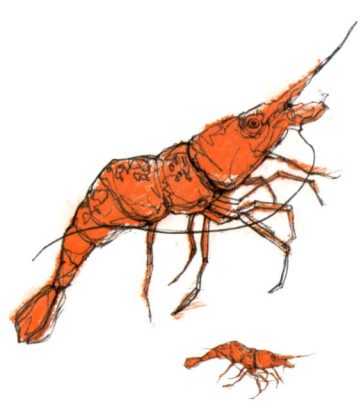

보리새우 손질법

등껍질에 이쑤시개를 찔러 넣어 내장을 빼낸다. *대가리에서 두세 번째 마디를 찌른다.

물로 씻어 표면에 붙은 이물질을 제거하고 행주로 물기를 닦는다.

주방가위로 등껍질에 일직선으로 진집을 내어 먹기 편하게 한다. *몸통 껍질은 떼어내도 되지만 그대로 구우면 새우의 고소한 향이 밴다.

새우 대가리를 꺾듯이 쥐고 꼬리에서 대가리 쪽으로 꼬챙이를 끼운다.

꼬챙이를 끼운 상태. 꼬챙이를 끼우면 새우 몸이 둥글게 말리지 않아 일직선으로 예쁘게 구워진다.

보리새우샐러드

2인분
소요 시간 30분

재료 보리새우(산 것)…2마리(60g), 마늘…¼쪽
남플라…1큰술, 위스키…1작은술, 샐러드유…적당량

샐러드 보라색 양파…70g, 오이…½개(50g)
셀러리…⅓줄기(30g), 쪽파…10줄기, 향채…10줄기
홍고추…3개, 라임즙…10ml, 남플라…10ml, 설탕…1작은술

싱싱한 보리새우 고르는 법②
껍질과 살 사이에 틈이 없고
줄무늬가 또렷한 것을 고른다.

1. 보리새우는 주방가위로 다리를 자르고 등껍질 가운데에 직선으로 진집을 내어 등을 벌린다.

2. 대가리에 칼집을 넣어 내장을 꺼낸다.

3. 다진 마늘, 위스키를 섞은 뒤 ②의 보리새우를 넣고 뒤집어가며 양념이 배어들게 하여 물기를 제거한다.

4. 보라색 양파, 오이, 셀러리를 얇게 자른 뒤 아삭해지도록 물에 담근다.
   쪽파는 3cm 길이로 어슷하게 썰고 향채는 썩둑썩둑 썬다.
   *홍고추는 씨를 빼고 물에 담가둔 뒤 부드러워지면 송송 썬다.

5. 프라이팬에 샐러드유를 두르고 센 불로 가열한 뒤 ③의 보리새우를 배가 아래로 가게 하여 올린다.
   뒤집개로 눌러가며 양면을 1분 정도씩 굽는다.

6. 홍고추와 라임즙, 남플라, 설탕을 섞은 뒤 ④의 채소를 넣고 버무려서 구운 보리새우와 함께 그릇에 담는다.

PLUS MENU

새우칠리소스볶음

2인분
소요 시간 30분

재료 새우…8마리, 대파…⅓줄기, 생강…1조각, 마늘…½쪽
달걀흰자…2작은술, 녹말가루…2작은술, 샐러드유…2작은술
두반장…1큰술, 술…1큰술, 닭국물…1컵(200ml)
토마토케첩…50g, 설탕…1작은술, 식초…1작은술
샐러드유…1작은술, 참기름…1작은술, 소금·후춧가루…적당량씩
녹말물…녹말가루 ½큰술, 물 ½큰술

1. 새우는 손질하여 p.196 참조 물로 소금과 녹말가루를 씻어낸 뒤 행주로 물기를 닦는다.

2. 주방가위로 대가리 껍질에 2~3cm 길이로 진집을 낸다.
   *진집을 내면 새우 고유의 풍미가 잘 우러난다.

3. 달걀흰자, 녹말가루, 샐러드유를 섞어 새우에 바르고 손으로 잘 주무른다.
   *달걀흰자와 녹말가루를 묻히면 탱글탱글한 식감을 즐길 수 있다.

4. 대파는 잘게 썰고 생강과 마늘은 다진다.

5. 궁중팬을 달궈 샐러드유를 두른 뒤 연기가 희미하게 날 때까지 센 불로 가열한다.

6. 중간 불로 줄이고 새우를 구부려서 궁중팬 안에 겹치지 않도록 넣고 굽는다. *쭉 펴서 넣으면 완성됐을 때 모양이 예쁘지 않다.

싱싱한 새우 고르는 법
몸통이 통통하고 대가리가 검지 않은 것을 고른다.

ㄱ 새우 껍질이 빨갛게 변하고 새우 향이 감돌 때까지 양면을 굽는다.

8 껍질이 빨갛게 되면 그릇에 옮긴다.
   *완전히 익히지 말고 껍질이 빨갛게 되면 반만 익힌 상태로 꺼낸다.

9 ⑦의 팬에 남아 있는 기름을 약한 불로 가열하여 ④의 생강과 마늘을 넣고 볶는다.

10 두반장을 넣고 섞어가며 볶는다. *기름이 적갈색으로 변하고 두반장의 매콤한 냄새가 올라올 때까지 볶는다.

11 ④의 대파를 넣고 볶다가 술을 넣어 알코올 성분을 날린다.

12 닭국물, 토마토케첩, 설탕을 넣고 섞은 뒤 녹말물을 부어가며 고루 젓는다. *농도를 보아가며 녹말물을 넣는다.

13 센 불에서 보글보글 끓어오르면 ⑧의 새우를 넣고 1분 정도 조린다. *새우의 풍미가 배어나와 양념 국물과 어우러진다.

14 식초, 소금, 후춧가루를 넣어 간을 맞추고 새우를 앞뒤로 뒤집어 양념 국물을 고루 묻힌다.

15 냄비 옆면으로 참기름을 떨어뜨려 풍미를 더하고 고루 섞은 뒤 그릇에 담는다.

새우 손질법

등 껍질 두세 번째 마디에 이쑤시개를 찔러 넣어 빼낸 내장 일부를 손가락으로 누르면 서 잡아당겨 제거한다. *천천히 좌우로 움직이 면서 잡아당기면 끊어지지 않게 빼낼 수 있다.

다리를 살에서 떼어내고 몸통 껍질을 벗긴 다. 대가리와 꼬리 껍질은 그대로 남겨둔다.

꼬리 끝의 날카로운 부분을 잘라 여분의 물기 를 빼낸다. 꼬리는 사선으로 잘라 예쁘게 모 양을 다듬는다.

다리와 껍질을 제거한 상태. 나머지 새우도 같은 방법으로 손질한다.

새우에 소금 2꼬집, 녹말가루 1작은술을 뿌 리고 주물러 이물질과 잡내를 제거한다.*녹 말가루가 냄새를 흡수한다.

새우와 게의 종류

비슷해 보이지만 조금씩 차이가 있다.

닭새우
큰 것은 몸길이가 50cm 정도 된다. 잡아서 바로 회를 뜬 닭새우회는 살이 탱글탱글하고 맛있다.

북쪽분홍새우
일반적으로 '단새우'라는 이름으로 판매된다. 살이 부드럽고 단맛이 있어 회나 초밥 재료로 많이 사용된다.

털게
땅딸막한 몸 전체가 짧고 뻣뻣한 털로 뒤덮여 있다. 몸통이 작아 먹을 수 있는 부분이 적지만 게장이 맛있고 살에서 깊은 풍미가 난다.

보리새우
몸길이가 20cm 전후. 튀김이나 볶음 등으로 다양하게 조리할 수 있다.

대게
회나 찜으로 먹는다.

새우와 게는 딱딱한 껍질 외에도 여러 가지 공통점이 있다
새우와 게는 모두 갑각류로, 딱딱한 껍질이 몸을 뒤덮고 있는 것이 특징이다. 새우는 배 부분이 긴 꼬리 모양이고 게는 등껍질이 배 가장자리를 감싸고 있어 어렵지 않게 구별할 수 있다. 새우와 게는 익으면 선명한 붉은색으로 변하는데 이것은 껍질에 함유되어 있는 아스타크산틴 색소 때문이다. 아스타크산틴은 해산물에 풍부한 천연 색소로 익히기 전에는 단백질과 붙어 푸르스름한 갈색을 띠는데 고온으로 가열하면 단백질과 분리되어 본래의 붉은색으로 돌아간다. 알이 맛있는 것도 이 둘의 공통점이다. 새우는 다리로 감싸듯 알을 품고 있는데 살과 같이 먹어도 맛있고 알만 따로 먹어도 맛있다. 게의 알은 등딱지를 떼었을 때 알처럼 보이는 노란 난소와 난소에서 다 자라 배 밑에 품은 성숙한 진짜 알이 있는데 난소는 익히고 성숙한 알은 간장에 절여서 먹으면 맛있다.

Chapter 6

조개류

생선을 먹음직스럽게 담는 방법

모양뿐만 아니라 먹기 편한것도 중요하다

음식을 담을 때 신경 써야 하는 부분은 색채와 계절감이다. 그릇 색깔은 요리를 돋보이게 하는 요인이니 계절마다 변화를 주면 좋다. 요리를 그릇 가득 담지 않고 여백을 두면 고급스런 상차림이 된다.

뜨거운 요리는 식기 전에, 차가운 요리는 더욱 차갑게 느낄 수 있도록 제공하는 것도 중요하다. 조림이나 국을 담을 그릇은 미리 뜨거운 물을 부어 데워놓으면 잘 식지 않는다. 회 담을 그릇을 냉장고나 얼음물에 넣어 차갑게 만든 뒤 얼음을 깔고 담으면 회를 차고 신선하게 즐길 수 있다.

통생선은 헤엄치는 모습처럼 대가리를 왼쪽, 배를 자기 앞쪽으로 오게 담으면 입체감을 살릴 수 있다. 생선 토막은 껍질이 위로 가게 담는다.

회 공간과 색채를 고려하여 담는다

메인을 한가운데 배치하고 앞쪽을 낮게, 뒤쪽을 높게 담는다. 여백을 중시하여 그릇을 꽉 채우지 않도록 한다.

젓가락으로 집기 편하게 담고 생선에 없는 색을 곁들이로 준비해 색감을 살린다.

국 건더기가 잘 보이도록 담는다

건더기 재료가 하나하나 보이도록 담는다. 서덜을 끓였을 때는 대가리가 위로 향하게 담는다.

조림 살점이 떨어지지 않도록 조심해서 담는다

조직이 부드러워져 살점이 떨어지기 쉬우므로 뒤집개와 젓가락을 사용해서 그릇에 옮긴 뒤 국물을 끼얹었다.

굴 인기 메뉴

세 가지
소스의 굴

탱글탱글한 바다의 우유,
다양한 소스와 잘 어울리는 굴 요리.

세 가지 소스의 굴

싱싱한 굴 고르는 법①
참굴은 겨울, 바위굴은 여름이 제철이다.
묵직하며 입을 딱 다물고 있는 것을 고른다.

2인분
소요 시간 40분

재료 각굴…6마리(480g)

영귤간장 영귤…1개, A(맛국물…1큰술, 고이구치 간장…1큰술, 니키리미림…1작은술, 식초…1작은술)

산초나무순된장 산초나무순…16개, 달걀노른자…½개 분량, 백된장(시로미소)…50g, 술…20ml, 미림…1작은술

에샬롯레드와인식초소스 에샬롯…10g, 레드와인식초…30ml

곁들이 꼬시래기…적당량

1. 영귤은 반으로 잘라 즙을 짠 뒤 체에 거른다.

2. ①의 영귤즙에 A를 넣고 섞어 영귤간장을 만든다.

3. 프라이팬에 백된장(시로미소), 미림, 달걀노른자를 넣고 고루 갠 뒤 중간 불로 가열한다. *달걀노른자는 완전히 익힌다.

4. 술을 2~3회로 나눠 부으면서 크림 상태가 될 때까지 고루 섞는다. *내열 고무 주걱을 사용하면 편하게 섞을 수 있다.

5. 알코올 성분이 날아가면 볼로 옮긴다. 넓은 볼에 얼음물을 넣고 그 안에 ④의 볼을 담근 채 주걱으로 섞으면서 식힌다.

6. 절구에 산초나무순을 넣고 나무공이로 빻다가 향이 올라오면 원을 그리듯 돌려 갈아 으깬다.

  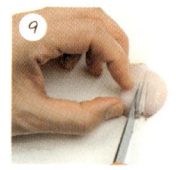 

ㄱ ⑤를 절구 안에 넣고 다시 나무공이를 돌려서 산초나무순과 섞는다.

8 전체가 고루 섞여 황록색이 되면 산초나무순된장 완성. *잘 섞이면 매끄러운 느낌의 산초나무순된장이 된다.

9 에샬롯은 심을 남겨두고 결을 따라 칼집을 넣은 뒤 방향을 바꿔 옆으로 놓고 다진다.
  *에샬롯의 매운맛이 싫으면 물에 담갔다가 사용한다.

10 레드와인식초에 ⑨의 에샬롯을 섞어 에샬롯레드와인식초소스를 만든다.

11 굴 껍질에서 살을 빼낸다.p.202 참조
  *굴 껍질 속의 국물을 받아두었다가 수프나 차우더(생선이나 조개류, 채소를 넣고 끓인 걸쭉한 수프)에 넣으면 감칠맛이 난다.

12 오목한 쪽 굴 껍질은 그릇으로 사용할 수 있도록 깨끗하게 씻은 뒤 행주에 죽 엎어놓고 말린다.

13 물을 담은 볼에 굴을 넣고 살살 흔들어 씻는다. 주름 안쪽에 껍질 조각이나 이물질이 붙어 있지 않은지 확인하면서 씻는다.

14 넓은 그릇에 행주를 깔고 겹치지 않게 굴을 올려 물기를 빼낸다.
  *누르면 모양이 망가지므로 조심조심 뒤집어 전체의 물기를 빼낸다.

15 그릇에 꼬시래기를 깔고 그 위에 ⑫의 굴 껍질을 올린 뒤 ⑭의 굴을 담는다.

16 굴 위에 ②, ⑧, ⑩의 세 가지 소스를 각각 얹는다.

Tip

**먹을 수 있는지
냄새로 체크한다**

굴은 눈으로 선도를 판단하기
어려우므로 껍질을 까고
냄새를 맡아본다. 냄새가
이상하면 바로 버려 다른 것
과 섞이지 않도록 한다.

껍질을 깠을 때 상한 우유와 비슷한 냄새가
나면 버린다.

굴 손질법

1

껍질에 붙은 이끼와 점액을 솔로 문질러 깨끗
하게 씻는다.

2

평평한 껍질을 위로, 껍질 연결 부분을 자기
앞으로 놓고 작은 칼을 껍질 틈으로 찔러 넣
는다.

3

아래 껍질을 꽉 쥐고 오른쪽 앞에 있는 조개
관자를 잘라 틈을 벌린다. *평평한 위 껍질과
조개관자 사이에 칼을 넣는다.*

4

껍질 끝에서 연결 부분까지 껍질 모양을 따라
칼을 움직여 위 껍질을 제거한다.

5

아래 껍질과 조개관자 사이에 칼을 넣고 잘 잘
라서 살이 제 무게로 껍질에서 자연스럽게 떨
어지도록 한다.

**굴 껍질에서 살을 억지로
떼어내면 너덜너덜해진다**

굴 껍질을 깔 때 조개관자를
자르지 않고 강제로 입을 벌리면
살이 찢어진다. 살을 떼어낼 때도
칼로 여러 번 긁으면 살에
상처가 나므로 자연스럽게 똑
떨어지도록 조심조심 손질한다.

조개관자를 자르지 않고 입을 벌리면
살이 위 껍질에 붙은 채로 찢어진다.

굴 껍질의 살을 여러 번 긁어서 떼어
내면 상처가 나서 모양이 망가진다.

PLUS MENU

뚝배기굴밥

2인분
소요 시간 40분

재료 굴(껍질 깐 것)…12마리(120g)
쌀…320g, 단무지…60g, 쪽파…4줄기
흰깨…2작은술, 참기름…2작은술
맛국물…2컵(400ml), 술…2큰술
우스구치 간장…1큰술, 소금…2g
무 간 것(굴 손질용)…적당량

싱싱한 굴 고르는 법②
통통하고 윤기가 도는 것을 고른다.

1   쌀은 씻어서 채반에 밭쳐 물기를 빼고 꽉 짠 행주를 덮어 30분 정도 둔다.

2   굴은 손질한다.**p.206 참조** 단무지는 얇게 썬 뒤 0.3cm 폭으로 채 썬다. 맛국물은 데운다.

3   뚝배기에 참기름과 흰깨를 넣고 중간 불에서 볶는다.

4   흰깨의 색이 진해지면 채 썬 단무지 ½분량을 넣고 살짝 볶다가 술과 우스구치 간장을 넣고 섞는다.

5   소금과 ②의 데운 맛국물을 넣고 센 불로 끓인다. **맛국물은 ①의 불린 쌀과 같은 양을 넣는다.**

6   국물이 끓어오르면 굴을 넣고 살짝 익힌다. **끓기 전에 넣으면 굴이 잘 안 익고 국물에서 비린내가 난다.**

7   굴이 통통하게 부풀고 거의 익으면 건진다. 그대로 실온에 두어 잔열을 날린 뒤 사방 1.5cm 크기로 자른다.

8   뚝배기에 ①의 불린 쌀을 넣고 저어 표면을 평평하게 만든 뒤 뚜껑을 덮어 센 불로 끓인다.

9   국물이 끓어올라 뚝배기 뚜껑의 구멍으로 김이 새어나오면 약한 불로 줄이고 10분 정도 끓인다.
      누룽지를 만들고 싶으면 마지막 1분은 센 불로 끓인다.

10   뚜껑을 열어 쌀이 속까지 익었는지 확인한 뒤 불을 끄고 ⑦의 굴을 올린다.

11   뚜껑을 덮고 5분 정도 뜸을 들인다.
      잔열로 굴을 데운다. 처음부터 굴을 넣고 밥을 지으면 굴이 수축돼서 작아지고 질겨진다.

12   그릇에 담기 직전에 채 썬 단무지 ½분량과 송송 썬 쪽파를 흩뜨려 올린다.

13   주걱으로 뚝배기 바닥부터 밥을 퍼 올려가며 섞는다.
      건더기 재료가 전체에 고루 가도록 섞되 밥에 엉기지 않도록 한다.

² 굴 손질법

굴을 볼에 넣고 무 간 것을 반 섞는다. *무는 껍질째 간다.

굴 모양이 상하지 않도록 살살 주물러 주름 사이의 이물질을 제거한다. *무가 없을 때는 밀가루를 사용한다.

굴의 이물질로 무 간 것의 색깔이 시커멓게 될 때까지 주무른다.

볼 한쪽으로 물을 흘려 넣고 굴을 헹구어 무 묻은 것을 씻는다. 나머지 무 간 것으로 2~3 회 반복하여 씻는다.

행주를 깐 그릇에 굴을 올려 물기를 빼낸다. *굴이 상하지 않도록 뒤집어 물기를 빼낸다.

굴을 익혔더니 질겨졌다
굴은 오래 가열하면 수축하여 크기가 줄어들고 질겨진다. 굴은 국물이 끓을 때 넣고 1분 정도 가열하여 완전히 익기 직전에 건진다.

국물이 끓기 전부터 넣으면 질겨지고 국물에서 비린내가 난다.

굴의 종류

더운 여름에도 먹을 수 있는 여러 가지 굴에 대해 알아보자.

참굴
호주 코핀베이산
모양이 둥그렇고 볼록하다.
단맛이 강하고 뒷맛이 짭짤하다.

참굴
호주 프랭클린 하버산
작지만 튼실하다.
맛이 진하고 뒷맛이 달다.

참굴
호주 태즈메이니아 세인트헬렌스산
깔끔하면서도 굴 특유의
짠맛과 단맛이 난다.

참굴
일본 이와테 현 야마다만산
상쾌한 바다 내음과 청량감 있는
짠맛이 나며 담백하다.

바위굴
일본 에히메 현 미나미우와 군 미쇼만산
굵고 달며 맛이 진한 것이 특징이다.
초봄에서 여름이 제철이다.

1년 내내 맛볼 수 있는 '바다의 우유'

영어 철자 중에 'R'이 들어가지 않는 달(May, June, July, August)은 굴을 먹지 않는 것이 좋다고 한다. 이때는 굴의 산란기로 감칠맛을 내는 성분인 글리코겐이 감소하기 때문이다. 그러나 이 이야기는 참굴에만 해당하며 바위굴은 포함되지 않는다. 바위굴은 오히려 봄부터 여름 사이에 글리코겐 함유량이 많아진다.

서양 굴은 알이 작은 것이 많은데, 수출하기에 좋고 서양 사람들이 선호하기 때문이다. 장시간의 수송에 견딜 수 있도록 껍질도 단단하게 길러진다. 시판하는 굴에는 생식용과 조리용이 있는데, 생식용 굴은 살균 처리한 해수에서 기르고 조리용 굴은 특별한 규정 없이 기른다. 보통 생식용이 더 신선하다고 생각하여 조리할 때도 사용하는데 실제로는 조리용 굴의 풍미가 더 좋으므로 가열 조리할 경우에는 조리용 굴을 사용하는 것이 좋다.

가리비간장구이

간장 양념으로 쫄깃하고 담백한
맛이 나는 구이 요리.

가리비간장구이

2인분
소요 시간 15분

재료 가리비…2마리(400g), 술…1작은술, 고이구치 간장…1작은술

곁들이 굵은소금…적당량

TIP
싱싱한 가리비 고르는 법①
가리비의 제철은 봄부터 여름
사이다. 건드렸을 때 재빨리 입을
닫는 것을 고른다.

1 가리비는 표면을 솔로 문질러 껍질에 붙은 이끼와 이물질을 제거한다.

2 구이 망 위에 올리고 입을 벌릴 때까지 2~3분 정도 센 불로 굽는다. *껍질이 볼록한 쪽을 아래로 향하게 하여 놓는다.

3 가리비 입이 자연스럽게 벌어질 때까지 기다린다.

4 가리비 입이 조금 벌어지면 바로 숟가락으로 술을 끼얹는다.

5 이어서 고이구치 간장을 뿌린다. *감칠맛 나는 가리비 국물을 쏟지 않도록 주의한다.

6 입을 완전히 벌리고 간장 향이 감돌면 팔레트 나이프를 넣어 조개관자 윗부분을 자르고 위 껍질을 떼어낸다.

7 그릇에 굵은소금을 깐다. 가리비가 뜨거우므로 목장갑이나 행주를 사용해 접시로 옮긴다. *굵은소금 위에 올리면 움직이지 않는다.

PLUS MENU

허브가리비구이

2인분
소요 시간 15분

재료 가리비…2마리(400g), 빵가루…25g, 타임…적당량
마늘…½쪽, 올리브유…1큰술, 소금·후춧가루…적당량씩

곁들이 굵은소금…적당량

1. 옆 페이지를 참조하여 가리비 껍질을 떼어낸다. 조개관자를 씻어 물기를 닦는다. 조개관자 한쪽의 흰 부분은 익으면 질겨지므로 떼어내고 1cm 두께로 자른다.

2. 볼에 다진 마늘, 빵가루, 손으로 자른 타임, 올리브유, 소금 1꼬집, 후춧가루 조금을 넣는다.

3. ②를 고루 섞는다. 가리비 껍질 중 볼록한 것을 깨끗하게 씻어 말린다.

4. ①의 조개관자에 소금, 후춧가루를 뿌려 밑간한 뒤 ③의 껍질 위에 올린다. *오븐은 180℃로 예열한다.

5. 조개관자가 완전히 덮이도록 ③의 가루를 올린다. *빵가루 겉면은 바삭하게 구워지고 조개관자는 촉촉하게 익는다.

6. 오븐 팬 바닥에 알루미늄 포일을 깔고 조개관자를 올린 뒤 180℃에서 3분 정도 굽는다. 그릇에 굵은소금을 깔고 조개관자를 담는다. *조개관자를 반 정도 익힌 상태가 가장 맛있다.

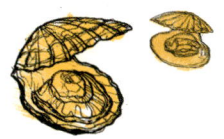

TIP

싱싱한 가리비 고르는 법②
가리비 껍질을 그릇으로 사용할 것이므로
껍질이 깨지지 않고 모양이 예쁜 것을 고른다.

가리비 손질법

껍질이 볼록한 쪽을 아래로 가게 하여 잡는
다. 위아래 껍질 틈새로 팔레트 나이프를 넣
고 위 껍질에 바싹 붙인 채 움직여 입을 살짝
벌린다.

위 껍질과 조개관자 사이에 칼을 넣고 움직
여 조개관자를 분리한다.

위 껍질을 떼어낸다. 아래 껍질과 조개관자 사
이에 칼을 넣고 움직여 분리한다. ***조개관자에
상처를 내지 않도록 조심스럽게 작업한다.**

조개관자 주변에 붙은 외투막과 내장을 잡
아당겨 떼어낸다. 검은 내장은 칼로 잘라 제
거한다.

외투막은 소금(분량 외)으로 비빈 뒤 물로 씻
어 이물질과 점액을 제거한다. ***외투막은 국물
을 우릴 때 넣거나 튀겨 먹으면 맛있다.**

건어물의 종류

국물을 우리거나 술안주로 내는 등 다양하게 조리할 수 있다.

마른새우
남방젓새우를 햇볕에 말린 것으로 바삭바삭하다. 사용하기 전에 프라이팬에 살짝 볶으면 풍미가 배가된다. 오코노미야키나 가키아게를 만들어 먹는다.

마른멸치
멸치를 쪄서 말린 것으로 칼슘이 풍부하다. 그냥 먹거나 국물을 우릴 때 사용한다.

마른조개관자
중국 요리의 고급 식재료 중 하나로 가리비 조개관자를 소금물에 데쳐서 말린 것이다. 물에 불려 중국식 수프의 국물을 낼 때 사용한다.

정어리포
정어리 새끼를 발 위에 평평하게 펴서 햇볕에 김처럼 말린 것이다. 불에 살짝 구워서 술안주로 먹거나 간장을 찍어 먹는다.

마른대구
대구를 그늘에 말린 것. 마른대구를 물에 불려서 부드러워지면 끓여 먹는다.

홍합 인기 메뉴

홍합마니에르

쫄깃한 홍합의 깊은 풍미가 느껴지는 요리.

홍합마니에르

2인분
소요 시간 40분

재료 홍합…18마리(800g), 에샬롯…30g, 이탤리언 파슬리…2줄기
처빌(또는 세르퓨유)…2줄기, 다진 파슬리…1큰술, 마늘…1쪽
화이트와인…100ml, 레몬즙…10ml, 버터…20g
녹말물…옥수수녹말 1작은술+물 1작은술

감자튀김 감자…2개(200g), 소금…1꼬집, 샐러드유…적당량

머스터드마요네즈소스 머스터드…1큰술, 화이트와인식초…1작은술, 달걀노른자…½개 분량, 샐러드유…4큰술
소금…½작은술, 후춧가루…조금

싱싱한 홍합 고르는 법
껍질 표면에 윤기가 흐르는 것을 고른다.

1. 머스터드, 화이트와인식초 ½작은술, 달걀노른자, 소금, 후춧가루를 섞는다.

2. 샐러드유는 높은 곳에서 가는 실 굵기로 흘려 넣으면서 섞는다. 소스가 유화되어 걸쭉해지면
화이트와인식초 ½작은술을 넣어 머스터드마요네즈소스를 만든다.

3. 감자는 껍질을 벗겨 1cm 두께의 막대 모양으로 자른다.

4. 자른 감자는 물에 담근 채 흔들어 씻어 물기를 제거한다. *감자를 물에 담가 녹말기를 빼내면 튀길 때 달라붙지 않는다.

5. 마늘과 에샬롯은 잘게 다진다. 이탤리언 파슬리와 처빌은 줄기와 잎으로 나누고 잎은 잘게 썬다.

6. 홍합을 손질한다. **p.216참조** 냄비에 홍합, ⑤의 채소와 허브를 넣고 버터를 올린 뒤 화이트와인을 붓는다.

7   뚜껑을 덮고 센 불에 올려 화이트와인이 끓을 때까지 가열한다.

8   국물이 끓어오르면 약한 불로 줄이고 3~4분 정도 끓인 뒤 뚜껑을 열고 전체를 가볍게 섞는다. **홍합 입이 벌어지면 불을 끈다.**

9   체에 밭쳐 국물과 홍합을 분리한다. **홍합에서 물기가 나오므로 국물 양이 늘어난다.**

10   이탈리언 파슬리와 처빌을 건진 뒤 홍합이 마르지 않도록 뚜껑을 덮는다.

11   ⑨의 국물을 다시 냄비에 붓고 알맞게 맛이 들 때까지 중간 불로 끓이다가 녹말물을 넣어 걸쭉하게 만든다.

12   국물에 다진 파슬리와 레몬즙을 넣는다.

13   ⑩의 홍합을 냄비에 넣고 국물과 잘 섞어가며 데운 뒤 불을 끈다.

14   160℃로 가열한 기름에 ④의 감자를 넣고 90%가 익을 정도로 3~4분 동안 튀긴다.

15   체에 밭쳐 기름을 뺀다. 잠시 그대로 두어 물기를 날리면서 잔열로 마저 익혀 포슬포슬하게 만든다.

16 기름 온도를 200℃로 올리고 감자를 다시 넣어 노릇하게 튀긴다.
*두 번째를 고온으로 튀기면 표면은 바삭하고 속은 포슬포슬한 감자튀김이 된다.

17 기름을 빼고 소금을 뿌린 뒤 전체에 고루 묻도록 체 안에서 뒤집어가며 섞는다.

18 그릇에 ⑬의 홍합을 담고 국물을 붓는다. 다른 그릇에 ②의 머스터드마요네즈소스, ⑰의 감자튀김을 담는다.

홍합 손질법

철수세미로 표면을 문질러 이끼와 이물질을 제거하며 씻는다.

껍질끼리 연결된 부분을 바깥쪽으로 하여 단단히 쥐고 포크에 족사를 건 뒤 잡아당겨 떼어낸다.

Point
홍합의 족사가 깨끗하게 제거되지 않을 경우

익힌 홍합에 족사가 남아 있으면 한 손으로 아래위 껍질을 꼭 누른 채 다른 손으로 족사를 잡아당기면 깨끗하게 떨어진다.

너무 세게 잡아당기면 족사가 끊어져 제대로 제거되지 않는다.

색다른 홍합 요리

홍합마니에르쇼트파스타
위의 만들기 과정에서 국물이 끓을 때 염도 1%의 끓는 물에 데친 카바타피 (쇼트 파스타) 160g을 넣은 뒤 약한 불로 볶으면 완성된다.

홍합 국물은 쇼트 파스타 국물로도 잘 어울린다.

전복스테이크

센 불에서 단숨에 지글지글 구워내는 것이 맛의 비결.

전복스테이크

2인분
소요 시간 30분

재료 전복(대)…1마리(400g), 팽이버섯…1봉지(100g), 아스파라거스…2줄기(80g), 버터…10g, 브랜디…20ml

소스 케이퍼…1작은술, 레몬즙…½개 분량, 버터…15g, 소금…1꼬집, 후춧가루…조금

싱싱한 전복 고르는 법①
전복은 반드시 살아 있는 것으로, 살이
두툼하고 상처가 없는 것을 고른다.

1. 전복을 손질한다.p.220 참조 윗면에 살의 절반 깊이까지 격자 모양으로 칼집을 넣는다.
   *살이 오그라들지 않고 양념이 잘 배어든다.

2. 전복 살과 내장에 소금 1꼬집, 후춧가루 조금을 뿌린다.
   *팽이버섯은 밑둥을 자르고 가닥을 떼어놓는다. 아스파라거스는 껍질을 벗겨 데친다.

3. 프라이팬에 버터를 넣고 센 불로 가열한 뒤 전복 살과 내장, 팽이버섯, 아스파라거스를 올린 뒤
   채소에 소금과 후춧가루를 뿌려 굽는다.

4. 채소가 구워지면 전복 내장, 팽이버섯, 아스파라거스를 그릇에 옮긴다. 전복 살은 뒤집어서 중간 불로 속까지 잘 익힌다.

5. 전복 살이 다 익으면 브랜디를 뿌린다. 브랜디를 넣자마자 바로 불길이 일어나므로 주의한다.
   알코올 성분이 날아가면 불을 끄고 전복 살을 그릇에 담는다.

6. 같은 프라이팬에 버터를 넣고 갈색이 될 때까지 센 불로 가열한 뒤 케이퍼, 레몬즙, 소금, 후춧가루를 넣고 섞어 소스를 만든다.

7. 그릇에 전복 살과 내장, 팽이버섯, 아스파라거스를 담고 ⑥의 소스를 뿌린 뒤 먹기 좋게 자른다.

전복간장조림

2인분
소요 시간 70분

재료 전복(소)…2마리(400g), 다시마(사방 5cm)…1장, 가다랑어포…5g
탄산수…300ml, 술…2큰술, 고이구치 간장…1큰술, 설탕…1큰술

곁들이 순무…1개

싱싱한 전복 고르는 법②
살짝 건드렸을 때 몸을 움츠리는
것을 고른다.

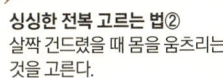 

1. 전복을 손질한다. **p.220 참조** 살에 설탕(분량 외)을 뿌리고 솔로 문질러 씻은 뒤 살과 내장을 껍질에서 분리하고 이빨과
   모래주머니를 제거한다. 요리에는 살과 내장을 사용한다.

2. 다시마와 가다랑어포를 넣은 국물 팩, 탄산수, 술, 전복 살을 냄비에 넣고 거품을 건지면서 약한 불에 30분 정도 끓인다.

3. 전복 살을 이쑤시개로 찔러서 쑥 들어가면 내장, 고이구치 간장, 설탕을 넣고 약한 불로 끓인다.

4. 순무는 빗 모양으로 썰어 줄기를 남기고 껍질을 벗긴다. 줄기 쪽에 남아 있는 모래나 이물질은 이쑤시개로 파내고 씻는다.
   끓는 물에 순무를 넣고 2~3분 정도 삶는다.

5. ③의 국물 양이 줄어들면 순무를 넣고 뒤적거린 뒤 국물 팩은 꺼낸다.

6. 전복 살을 건져 0.5cm 폭으로 자른다. 그릇에 전복 껍질을 올리고 그 안에 전복 살과 내장, 순무를 예쁘게 담은 뒤 국물을
   조금 뿌린다.

전복 손질법

설탕(분량 외)을 뿌리고 솔로 문질러 물로 씻는다. **소금이 아닌 설탕으로 씻으면 살이 오므라들지 않는다.**

껍질과 살 사이에 나무 주걱을 넣어 조개관자를 떼어낸 뒤 살과 내장을 함께 떠서 옮긴다. 한쪽 끝 입 부분에 작게 칼집을 넣으면 보이는 붉은색 부분을 잡아당겨 이빨을 제거한다.

조개관자 주변에 붙은 외투막을 자른다. 살에서 내장을 떼어낸 뒤 각각 물에 씻어 물기를 닦는다. 요리에는 살과 내장을 사용한다.

바지락 인기 메뉴

봉골레비안코&
봉골레로소

두 가지 방식으로 색다르게 맛을 낸
바지락파스타 요리.

봉골레비안코

봉골레로소

봉골레비안코

2인분
소요 시간 30분
※바지락 해감 시간 불포함.

재료 바지락…150g, 키타라(롱 파스타)*…160g, 오크라…4개
홍고추…½개, 쪽파…2줄기, 생강…½조각, 김채…적당량
맛국물…40ml, 술…40ml, 고이구치 간장…2작은술
올리브유…1큰술, 소금·후춧가루…적당량씩
*키타라 대신 스파게티니, 페델리니를 사용해도 된다.

싱싱한 바지락 고르는 법①
바지락의 제철은 봄이다. 껍질의 무늬가
뚜렷한 것을 고른다.

1. 바지락은 옆 페이지를 참조하여 해감한다. 홍고추는 씨를 빼고 물에 담가 부드럽게 한다.

2. 오크라는 색깔이 변한 꼭지 끝을 잘라내고 꼭지 주변을 돌려깎기한다. 소금(분량 외)을 바른 뒤 문질러 솜털을 제거하고 3등분하여 어슷하게 썬다.

3. 쪽파는 2cm 길이로 어슷하게 썬다. ①의 홍고추는 송송 썰고 생강은 채 썬다.

4. 냄비에 올리브유를 두르고 가열하여 생강과 홍고추를 넣는다. 생강 색이 살짝 노릇해지고 홍고추 향이 돌 때까지 중약불로 볶는다.

5. 바지락, 맛국물, 술을 넣고 뚜껑을 덮은 뒤 바지락이 입을 벌릴 때까지 약한 불로 끓인다.

6. 다른 냄비에 염도 1%의 물(분량 외)을 넣고 끓인다. 팔팔 끓어오르면 키타라를 방사형으로 펼치며 넣는다.

7 　가볍게 저으면서 삶다가, 봉지에 표시된 키타라의 삶는 시간 1분 전에 ②의 오크라를 넣고 함께 삶는다.

8 　⑤의 바지락 입이 벌어지면 고이구치 간장과 소금, 후춧가루를 조금씩 고루 두르며 넣는다.

9 　⑦의 키타라와 오크라를 건져 ⑧에 넣고 국물이 고루 스며들도록 섞는다. 국물이 부족한 듯하면 키타라 삶은 물을 조금 넣는다.

10 　쪽파를 넣고 잘 섞는다. 싱거우면 소금을 넣는다. 쪽파는 파릇한 색깔을 살리기 위해 마지막에 넣는다.

11 　그릇에 키타라, 오크라, 바지락을 건져 담고 국물을 끼얹은 뒤 김채를 흩뿌린다.

바지락 손질법

염도 3%의 물(분량 외)에 담가 어둡고 시원한 곳에 2시간 정도 두어 해감한다.

바지락의 물기를 뺀 뒤 소금(분량 외)을 묻히고 껍질끼리 비벼 표면의 이물질을 떼어낸다. 물로 소금과 이물질을 씻고 물기를 뺀다.

봉골레로소

Tip
싱싱한 바지락 고르는 법②
껍질이 크고 살이 꽉 차 묵직한 것을
고른다.

2인분
소요 시간 40분
※바지락 해감 시간 불포함.

재료 바지락…250g, 스파게티니(롱 파스타)…160g, 홍고추…½개, 다진 이탈리언 파슬리…1큰술, 마늘…½쪽
화이트와인…40ml, 올리브유…2큰술, 엑스트라 버진 올리브유…1작은술, 소금·후춧가루…조금씩

토마토소스 양파…20g, 토마토(데쳐서 껍질 벗겨 체에 내린 것)…200g, 마늘…⅓쪽, 올리브유…1작은술, 소금·후춧가루…조금씩

곁들이 이탈리언 파슬리…적당량

1. 바지락은 해감한다. **p.223 참조** 양파와 마늘은 각각 다진다. 냄비에 올리브유와 다진 마늘을 넣고
   약한 불로 볶다가 다진 양파를 넣고 볶는다.

2. 토마토를 넣고 소금, 후춧가루로 간한 뒤 끓어오르면 약한 불로 줄이고 10분 정도 끓인다. 양이 ⅔까지 줄어들면 불을 끈다.

3. 냄비에 염도 1%의 물(분량 외)을 넣고 팔팔 끓인다. 스파게티니를 넣고 가볍게 저으면서
   봉지에 표시된 스파게티니의 삶는 시간 1분 전까지 삶는다.

4. 홍고추와 마늘은 각각 다진다. 프라이팬을 가열한 뒤 올리브유를 두르고
   다진 마늘과 홍고추를 넣어 약한 불로 볶는다.

5. 마늘 향이 돌면 ①의 바지락을 넣는다.

6. 화이트와인을 넣고 바로 뚜껑을 덮어 센 불로 가열한다. 국물이 보글보글 끓어오르면
   약한 불로 줄이고 바지락 입이 벌어지도록 프라이팬을 흔들어가면서 가열한다.

7. 바지락 입이 벌어지면 ③의 스파게티니, ②의 토마토소스, 소금, 후춧가루를 넣어 간을 맞추고 다진 이탈리언 파슬리를 넣는다.

8. 올리브유와 스파게티니 삶은 물을 조금 넣고 섞어 그릇에 담고 이탈리언 파슬리로 장식한다.
   *기름과 파스타 삶은 물을 넣으면 서로 섞이면서 걸쭉해져 소스와 면이 잘 어우러진다.

해산물파스타와 소스 궁합

면에 해산물을 넣은 파스타는 어떤 소스와 어울릴까? 어울리는 소스를 알아보자.

오징어먹물펜네
→토마토소스

연어탈리아텔레
→크림소스

재료(2인분)

오징어먹물펜네…160g
오징어(소)…1마리
토마토(데쳐서 껍질 벗겨
으깬 것)…300g
홍고추…1개
마늘…1쪽
올리브유…1큰술
다진 이탈리언 파슬리…조금
소금·후춧가루…조금씩

오징어먹물펜네는 오징어 먹물의 독특한 향이 감돈다.

재료(2인분)

연어탈리아텔레…160g
가리비 조개관자…4개
아스파라거스…2줄기(80g)
만가닥버섯…50g
버터…10g
치킨부용…100ml
생크림…100ml
파르메산치즈가루…적당량

연어탈리아텔레는 면이 오렌지색을 띠고 있다.

만드는 법

1 마늘은 다지고 홍고추는 씨를 뺀다.
2 프라이팬에 올리브유, 다진 마늘, 홍고추를 넣고 향이 올라올 때까지 볶는다.
3 토마토를 넣고 반으로 줄 때까지 끓인다.
4 오징어먹물펜네는 삶고 오징어는 둥글게 썬다. 다른 프라이팬을 달군 뒤 오징어를 넣고 살짝 볶다가 ③의 토마토소스, 삶은 펜네를 넣고 버무려 소금, 후춧가루로 간을 맞춘다.
5 그릇에 담고 다진 이탈리언 파슬리를 흩뿌린다.

만드는 법

1 가리비 조개관자는 먹기 좋은 크기로 썬다. 연어탈리아텔레, 어슷하게 썬 아스파라거스는 각각 끓는 소금물(분량 외)에 익힌 뒤 물기를 뺀다.
2 프라이팬에 버터를 넣고 가열한 뒤 가리비 조개관자를 넣어 굽는다.
3 치킨부용, 생크림을 넣고 끓인다.
4 ①의 연어탈리아텔레와 아스파라거스를 넣고 파르메산치즈가루로 맛을 정돈한다.
5 그릇에 담고 기호대로 파르메산치즈가루를 뿌린다.

파스타와 찰떡궁합인 해산물

파스타의 발상지는 이탈리아다. 오늘날처럼 파스타에 소스와 부재료를 넣고 버무려 먹게 된 것은 17세기로, 이탈리아에서 전 세계로 퍼져나갔다. 이탈리아는 삼면이 바다로 둘러싸여 있어 파스타를 만들 때 해산물을 많이 사용한다. '어부'라는 의미의 '페스카토레'는 어부들이 팔다 남은 해산물에 토마토소스를 넣고 조린 뒤 파스타를 함께 먹었던 것이 그 시작이라고 한다. 해산물이 정해져 있는 것은 아니지만 오징어나 새우, 조개를 주로 넣는다. 그중 바지락을 넣은 것이 봉골레파스타. 화이트와인을 사용한 것은 봉골레비안코, 토마토소스를 사용한 것은 봉골레로소라고 한다. 이탈리아에서는 오징어 먹물이 일반적인 식재료로, 가정에서도 오징어 먹물을 넣은 파스타를 자주 만들어 먹는다.

마늘간장재첩조림

꼬들하고 앙증맞은 조림 요리.

마늘간장재첩조림

2인분
소요 시간 10분
※재첩 해감 시간, 실온에 두는 시간, 냉장고에서 재우는 시간 불포함.

재료 재첩…300g, 홍고추…1개, 마늘…1쪽, 술…4큰술, 고이구치 간장…3큰술
식초…1큰술, 설탕…1큰술

싱싱한 재첩 고르는 법①
서로 크기가 비슷하고 둥그스름한
것을 고른다.

  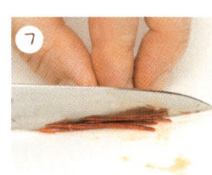 

1 재첩은 해감한다. **p.229 참조** 해감하는 중간에 물을 2~3회 갈아준다.

2 냄비에 재첩과 술을 넣고 뚜껑을 덮는다. 센 불로 가열하여 끓어오르면 불을 약하게 줄이고 재첩이 입을 벌릴 때까지 끓인다.

3 입을 벌리면 전체를 뒤적여 위아래 자리를 바꿔준다. 입이 닫힌 재첩은 국물을 끼얹고 다시 뚜껑을 덮어 끓인다.

4 입을 거의 다 벌리면 간장, 식초, 설탕, 얇게 저민 마늘, 씨 뺀 홍고추를 넣고 1~2분 정도 끓인다.

5 불을 끄고 전체를 뒤섞어 재첩에 국물이 잘 배도록 한다.

6 국물과 함께 내열 용기에 담은 뒤 실온에 30분 정도 둔다. 열기가 가시면 냉장고에 넣고 하룻밤 재운다.
   ***깨진 껍질이나 이물질이 보이면 제거한다.**

7 먹기 직전에 함께 넣은 홍고추를 건져 채 썬다.

8 재첩을 그릇에 담고 채 썬 홍고추를 얹어 장식한다.

PLUS MENU

재첩살간장조림

2인분
소요 시간 20분
※재첩 해감 시간 불포함.

재료 재첩…500g, 생강…10g,
산초 열매…1작은술, 술…¼컵(50ml)
미림…1큰술, 설탕…½큰술, 고이구치
간장…1큰술

곁들이 산초잎…적당량

TIP
싱싱한 재첩 고르는 법②
재첩의 제철은 여름이다. 껍질이 크
고 광택이 나며 묵직한 것을 고른다.

1. 재첩은 해감한 뒤 비벼 씻기를 5~6회 반복한다.

2. 냄비에 재첩, 술, 미림을 넣고 뚜껑을 덮어 센 불로 끓인다. 물이 끓어오르면 불을 약하게 줄인다. 생강은 채 썬다.

3. 입이 벌어지면 1개씩 채반에 건진다. 입을 닫은 것은 다시 냄비에 넣는다.
   *1개씩 건지면 냄비 바닥에 있는 이물질이 재첩에 묻지 않는다.

4　냄비의 재첩이 전부 입을 벌리면 모두 채반에 건진다. 열기가 가시면 살을 발라낸다.
　　*숟가락 손잡이를 이용하면 쉽게 발라낼 수 있다.

5　체에 키친타월을 깔고 재첩 삶은 국물을 받친다. 냄비에 국물, 채 썬 생강, 설탕, 간장을 넣고
　　센 불로 끓여 자작해지면 재첩 살을 넣는다.

6　약한 불로 줄이고 산초 열매를 넣은 뒤 1~2분 정도 끓인다. 그릇에 재첩을 담고 산초잎으로 장식한다.

재첩 손질법

담수로 해감한다. 재첩이 잠길 만큼 물을 붓고 2시간 정도 두면 이물
질을 토해낸다. 도중에 물을 여러 번 갈아준다.

채반에 담아 물기를 빼고 소금을 뿌린 뒤 재첩끼리 비벼 껍질에 붙은
이물질을 떼어낸다.

재첩을 다시 채반에 담고 흐르는 물에서 전체를 뒤적여가며 씻어 이
물질과 소금기를 제거한다.

해산물조림 반찬

바다 향과 달큰한 양념이 어우러져 밥도둑이 따로 없다.

곤쟁이조림

새우와 비슷하게 생긴 곤쟁이를 매콤 달콤하게 양념해서 부드럽게 조린다. 새우와 비슷한 풍미를 느낄 수 있다.

멸치새끼조림

멸치 새끼를 사용하여 씹는 맛이 좋다. 말리지 않은 생멸치 새끼로 만든 조림도 있다.

명란조림

입안에 넣었을 때 매콤달콤한 맛이 퍼지면서 알알이 갈라져 톡톡 터지는 느낌이 재미있다.

바지락조림

바지락 살에 생강과 간장을 넣고 조린 것. 생강 향이 입안에서 감돌아 뒷맛이 개운하다.

굴조림

살이 부드러워질 때까지 조려 굴의 풍미가 고스란히 담겨 있다. 쫄깃한 식감이 좋다.

색다른 조림 요리

곤쟁이조림 올린 냉두부

재료
곤쟁이조림…½작은술, 두부…½모, 청차조기잎…1장, 생강…적당량, 가다랑어포…적당량

만드는 법
두부에 곤쟁이조림, 채 썬 청차조기, 다진 생강, 가다랑어포를 올린다. 곤쟁이조림에 간이 되어 있으므로 간장 등을 뿌리지 않아도 된다.

피조개미역초된장무침&
멍게초무침

피조개미역초된장무침

멍게초무침

피조개미역초된장무침

2인분
소요 시간 30분

재료 피조개…4마리(400g), 쪽파…1줌(120g), 염장미역…10g

초된장 된장…4큰술, 달걀노른자…½개 분량, 술…1작은술
우스구치 간장…1작은술, 미림…1큰술, 식초…2큰술, 겨자…½작은술

Tip
싱싱한 피조개 고르는 법
피조개의 제철은 겨울에서 봄 사이다.
5~8cm 정도 크기의 묵직한 것을 고른다.

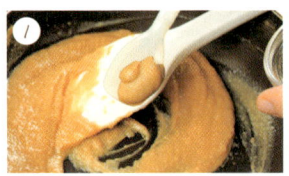   

1. 프라이팬에 식초, 겨자를 제외한 초된장 재료를 넣고 약한 불로 가열하면서 고루 섞는다. 불을 끄고 열기가 가시면 식초와 겨자를 섞어 초된장을 만든 뒤 냉장고로 옮겨 식힌다.

2. 미역을 체에 담고 물에 담근 채 씻어 소금기를 제거한 뒤 끓는 물에 살짝 데쳐 얼음물에서 식힌다. 사방 2cm 크기로 자르고 데친 물은 그대로 둔다.

3. 쪽파는 밑동과 잎 끝을 자른 뒤 ②의 뜨거운 물에 넣어 숨이 죽으면 채반으로 옮겨 식힌다.

4. 쪽파를 도마에 쭉 펴고 밀대로 밀어 잎 끝으로 점액을 빼낸 뒤 3cm 길이로 자른다.

5. 피조개를 손질한다.**p.234참조** 조갯살과 외투막을 사용하는데 살은 1cm 폭으로, 외투막은 3cm 길이로 자른다.

6. ②의 미역, ④의 쪽파, ⑤의 조갯살에 ①의 초된장 2큰술을 넣고 버무린다. 간을 봐서 싱거우면 초된장을 더 넣는다.

멍게초무침

2인분
소요 시간 20분

___

재료 멍게…2마리(500g), 오이…1개, 생강…5g, 청차조기잎…1장

초간장 고이구치 간장…2큰술, 식초…2큰술

싱싱한 멍게 고르는 법
멍게는 여름이 제철이다. 껍질이 빵빵하게
부풀어 있고 주홍빛이 선명한 것을 고른다.

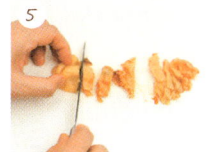

1. 오이는 돌기를 칼등으로 쳐낸다. 꼭지 아래 부분을 조금 잘라내고 서로 문질러 쓴맛을 제거한 뒤 끝의 껍질을 벗긴다.

2. 표면에 0.1cm 폭으로 어슷하게 오이 두께의 절반까지 칼집을 넣는다. 반대면도 같은 방법으로 칼집을 넣은 뒤 1~2cm 폭으로 자른다.

3. ②의 오이를 염도 3%의 물(분량 외)에 담가 숨이 죽으면 물에 씻어 소금기를 빼낸다. 생강은 채 썰어 물에 담근다.

4. 멍게를 손질한다. **p.234 참조** 멍게 살은 물로 깨끗하게 씻은 뒤 행주로 물기를 닦는다.

5. 멍게 살은 먹기 좋게 1cm 폭으로 자른다.

6. 간장과 식초를 섞어 초간장을 만든다. ③의 오이와 ⑤의 멍게에 초간장 ½분량을 넣고 뒤적여 비린내를 제거한 뒤 물기를 빼낸다.

7. 그릇에 청차조기잎을 깔고 오이, 멍게, ③의 생강을 물기 빼서 담는다. 나머지 초간장을 끼얹는다.
   ***기호에 따라 멍게 국물을 넣는다.**

피조개 손질법

껍질 연결 부분에 작은 칼을 찔러 넣고 비틀어 입을 벌린다. *껍질을 벗겨낸 피조개는 쉽게 상하므로 빨리 작업한다.

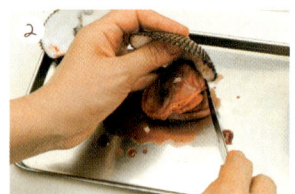

피조개는 양쪽에 조개관자가 있다. 살이 다치지 않게 껍질에서 조심스레 분리한다. *조개관자와 껍질 사이에 칼을 넣어 자르면 살이 떨어진다.

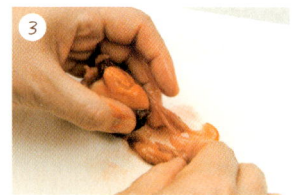

살과 외투막의 연결 부분에 칼집을 넣고 외투막을 잡아당겨 살과 분리한다.

시뻘건 창자와 녹색의 내장을 잘라 제거한다. *살에 상처가 나지 않도록 칼로 긁어 제거한다.

사진의 왼쪽 위가 먹을 수 없는 내장과 창자이고, 오른쪽 위가 외투막, 가운데가 조갯살이다. 외투막과 조갯살은 소금물(분량 외)로 씻어 이물질을 제거한다.

멍게 손질법

빨간 돌기가 많은 위쪽 부분에 수관이 2개 있는데 '+' 모양이 흡수를, '-' 모양이 배출을 담당한다.

'+' 수관을 칼로 잘라 안에 있는 국물을 빼낸다. 이 국물은 기호에 따라 초무침에 넣어도 된다. *'-'수관을 자르면 지저분한 물이 나온다.

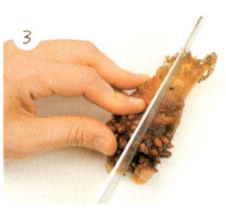

안의 살까지 자르지 않도록 주의하면서 멍게에 세로로 칼집을 넣는다.

돌기가 많이 붙은 쪽 살을 들어 껍질을 벗기듯이 꺼낸다.

살 주변에 붙은 내장과 창자는 비린내의 원인이므로 손으로 잡아당겨 깨끗하게 제거하고 찬물로 씻어 물기를 닦는다.

초간단 해산물 안주

손질이 필요 없는 해산물 재료로 요리 하나를 뚝딱 만들어보자.
3단계 조리법으로 쉽게 완성할 수 있다.

문어핀초스

재료 문어(데친 것)…30g, 방울토마토…2개
모차렐라치즈(소)…2개, 바질페이스트…1작은술

만드는 법
1 데친 문어는 먹기 좋은 크기로 썬다.
2 데친 문어, 모차렐라치즈, 방울토마토를 꼬챙이에 끼운다.
3 그릇에 세워 담고 바질페이스트를 곁들인다.

멸치아보카도마요네즈무침

재료 마른잔멸치…30g, 아보카도…½개, 마요네즈…1큰술
고추냉이…¼작은술, 연어알간장절임…1작은술

만드는 법
1 아보카도는 사방 1.5cm 크기로 깍둑썰기한다.
2 연어알간장절임을 빼고 모든 재료를 섞는다.
3 그릇에 담고 연어알간장절임을 올려 장식한다.

참치낫토

재료 참치…100g, 낫토…1팩, 오이…50g, 단무지…30g
고이구치 간장…1작은술

만드는 법
1 낫토를 고루 섞는다.
2 참치, 오이, 단무지는 사방 1cm 크기로 깍둑썰기한다.
3 낫토에 ②를 넣고 간장과 낫토 팩에 들어 있는 소스로 버무린다.

뚝딱 만들어도 술안주로 손색없다
해산물로 근사한 술안주를 만들고 싶은데 하나하나 손질하는 것이 귀찮게 느껴지는 날, 생오징어채, 참치 덩어리, 조갯살처럼
미리 손질되어 있는 재료를 시중에서 구매하여 요리해보자. 간장에 절인 연어알이나 명란젓 등 생선알 가공식품도 좋은
재료다. 또 해산물 통조림이나 젓갈처럼 양념이 된 것도 있으므로 그대로 내놓거나 나만의 양념을 가미하면 하나의 요리가
간단하게 완성된다.
발효식품은 해산물과 궁합이 맞는 음식 중 하나다. 풍미가 강한 치즈나 가다랑어포, 낫토 등을 해산물과 같이 내면 특별한
양념 없이도 맛있게 먹을 수 있다. 가열하지 않아도 되어 간단하게 만들 수 있는 무침 위주로 요리하고 뜨거워야 맛있는
안주는 미니오븐에 굽자. 설거지거리도 적게 나와 뒷정리도 편해진다.

Chapter 7

··

민물고기

··

Freshwater Fish

생선 먹는 방법

더 이상 번거로운 음식이 아니다

뭐니 뭐니 해도 요리는 즐기면서 먹어야 제맛이지만 아무런 생각 없이 지저분하게 먹는 것은 식사 예절에
어긋난다. 특히 생선 요리들은 뼈가 많아 먹기 불편한 만큼 먹는 방법과 순서를 익혀두고 깔끔하게 먹어야
자신도, 함께 앉은 사람도 즐겁고 맛있게 먹을 수 있다. 생선구이는 왼쪽부터 먹는 것이 기본이다. 위쪽 살을
떼어 먹은 뒤에 중간뼈를 들어내면 아래쪽 살을 먹을 수 있다.

난방즈케나 장어양념구이처럼 뼈가 연해진 생선은 뼈째 씹어 먹으면 칼슘도 섭취할 수 있고 뒤처리도
깔끔하다. 회와 함께 나오는 고추냉이는 조금씩 덜어 회 위에 올린 뒤 간장을 찍어 먹으면 고추냉이의 풍미를
고스란히 느낄 수 있다.

다 먹은 뒤의 그릇 상태도 식사 예절의 한 부분이다. 뼈와 껍질은 그릇 앞에 모아놓거나 얇은 종이가 있으면
싸놓고 더러워진 젓가락 끝도 닦아놓도록 한다.

생선 먹을 때 주의할 점

1 아래쪽 살을 먹기 위해 생선을 뒤집지 말 것.

2 왼쪽부터 차례로 먹을 것.

젓가락으로 생선구이를 먹을 경우

1 지느러미가 붙어 있을 때는 지느러미를 떼어내 생선 바깥쪽의
접시 가장자리에 놓는다.

2 젓가락으로 아가미 아랫살을 가른 뒤 가운데 굵은 뼈 위로
꼬리까지 젓가락으로 가른다.

3 틈에 젓가락을 넣고 살을 들어 올려 중간뼈에서 떼어 먹는다.
잔가시 등은 생선 바깥쪽의 접시 가장자리에 모아놓는다.

4 위쪽 살을 다 먹으면 젓가락으로 꼬리를 들어 올려 살에서
중간뼈를 분리해낸다.

5 중간뼈를 대가리와 붙어 있는 채로 떼어내 생선 바깥쪽 접시
가장자리에 놓는다. 아래쪽 살을 다 먹으면 중간뼈를 접시
가운데로 가져다놓는다.

칼과 포크로 생선구이를 먹을 경우

위의 ②까지는 젓가락을 사용하는 경우와 같다. 살을 위아래로
벌려 젖힌다. 중간뼈와 대가리를 떼어내 바깥쪽 가장자리에 놓고
젖혀놓은 살을 원래 상태로 되돌려 왼쪽부터 먹는다. 중간뼈를
떼어낼 때는 뼈와 아래쪽 살 사이에 칼을 넣어 들어 올리고
대가리 바로 옆 아래쪽 살을 자른다.

농어소금구이 &
산천어소금구이

제철 생선을 이용한 소금구이에 제철 채소를 곁들여
차린 최고의 밥상.

농어소금구이

산천어소금구이

농어소금구이

2인분
소요 시간 20분

재료 농어…2마리(200g), 샐러드유…적당량, 소금…적당량

곁들이 잠두 꼬투리…2개, 영귤…½개

Tip
싱싱한 농어 고르는 법
농어의 제철은 초여름이다. 배에 탄력이 있고 등이 밝은 회색인 것을 고른다.

1. 농어를 손질한다. p.240 참조 그릴 바닥에 알루미늄 포일을 깔고 껍질이 달라붙지 않도록 그릴 망에 샐러드유를 바른다.

2. 30cm 높이에서 소금을 뿌려 농어 양면에 밑간을 하고 꼬리지느러미에 소금을 묻혀놓는다.
*다른 지느러미는 먹을 수 있으므로 소금을 묻히지 않는다.

3. 농어는 그릇에 담을 때 보이는 쪽을 아래로 가게 하여 그릴 망에 올린다. 가장자리에 잠두 꼬투리를 놓고 센 불로 껍질이 노릇해질 때까지 5분 정도 굽는다. *지느러미가 탈 것 같으면 알루미늄 포일로 싼다.

4. 뒤집어서 5분 정도 굽는다. 농어 전체가 노릇하게 구워지면 그릴에서 꺼낸다.

5. 그릇에 농어를 담고 잠두 꼬투리에서 잠두를 꺼내어 영귤과 함께 곁들인다.

불에서 높게 띄우고 담을 때 보이는
면부터 양면을 각각 5분씩 굽는다.
***마지막에 대가리 쪽을 아래로 기울
여 구우면 바삭하게 구워진다.**

농어를 꼬챙이에 끼워 구울 때는 그릇에 담을
때 바닥에 닿는 쪽의 눈 아래로 꼬챙이를 끼워
넣는다. 몸길이의 반까지 통과시킨 뒤 일단
빼내고 다시 끼워 꼬리 밑으로 빼낸다.

농어 손질법

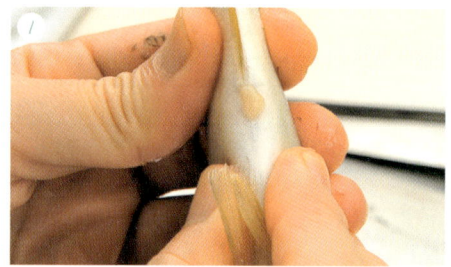

항문 근처를 손가락으로 살짝 눌러 배설물을 빼낸다. ***다른 내장은 모
두 먹을 수 있다.**

표면을 물로 씻어 점액을 가볍게 제거한다. 점액을 조금 남겨두고
물기를 닦는다. ***지나치게 씻으면 농어 특유의 향이 없어진다.**

지나치게 구워져서 시커멓게 타버렸다
농어처럼 몸통이 얇은 생선은 열기가 빠르게
전달되므로 지나치게 구워지지 않도록 확인하면서
굽는다. 특히 지느러미는 타기 쉬우므로 알루미늄
포일로 싸서 굽는다.

꼬리지느러미가 타서 떨어질 정도로 오래 구우면 보기 흉하고
맛도 덜하다.

산천어소금구이

2인분
소요 시간 30분

재료 산천어…2마리(300g), 샐러드유…적당량, 소금…적당량

곁들이 옥수수…½개, 고이구치 간장…적당량

싱싱한 산천어 고르는 법
산천어의 제철은 여름이다.
표면의 반점 무늬가 또렷한 것을 고른다.

1 옥수수는 껍질을 벗기고 수염을 떼어낸 뒤 3cm 폭으로 자른다.
   *생으로 먹을 수 있는 옥수수를 사용할 때는 데우는 정도로 굽는다.

2 산천어는 내장을 제거한다. p.242 참조
   입에서 힝문으로 물을 흘려보내면서 나무젓가락으로 눌러 남아 있는 내장과 혈합육을 제거한다.

3 꼬리를 잡고 거꾸로 들어 배 속의 물기를 입으로 빼낸 뒤 행주로 물기를 닦는다.

4 넓은 그릇에 산천어를 놓고 30cm 높이에서 소금 1꼬집을 뿌린다. 뒤집어서 같은 방법으로 소금을 뿌린다.

5 새카맣게 타지 않도록 모든 지느러미에 꼼꼼히 소금을 묻힌다. *지느러미를 펼쳐가며 손가락 끝으로 소금을 꾹꾹 눌러 묻힌다.

6 그릴 바닥에 물을 붓는다. 그릴 망에 샐러드유를 살짝 바른 뒤 옥수수와 산천어를 올리고 중약불로 5분 정도 굽는다.

7 껍질이 노릇해지면 뒤집어 5분 정도 구우면서 솔로 옥수수에 간장을 바른다. 먹음직스럽게 구워지면 꺼내어 그릇에 담는다.

산천어 손질법

아가미뚜껑을 꼭 누른 채 표면의 비늘과 점액을 제거한다. ***그냥 두면 비린내가 나고 내장을 빼낼 때 미끄러지므로 완전히 제거한다.**

표면의 이물질을 물로 씻은 뒤 행주로 물기를 닦는다.

항문에 주방가위 끝을 넣어 배 쪽 껍질을 대가리 쪽으로 1~2cm 정도 자른 뒤 항문과 장의 연결 부분을 끊는다.

입에 나무젓가락 한 짝을 넣고 아가미를 꿰어 항문 앞까지 집어넣는다.

나머지 한 짝도 같은 방법으로 반대쪽 아가미를 꿰어 넣는다. 나무젓가락으로 아가미와 내장을 단단히 잡고 돌려가며 당겨 입으로 빼낸다.

민물고기 손질법

손질 포인트만 알아두면 손쉽게 조리할 수 있다.

손질 포인트
독특한 점액과 냄새를 제거하기 위해 꼭 거쳐야 하는 과정이다.

조리 포인트
비린내가 나지 않게 조리하는 것이 중요하다.

비늘을 벗긴다

점액의 원인인 비늘을 먼저 벗겨내면 손이 미끄러지지 않아 편하게 손질할 수 있다.

소금을 뿌린다

껍질째 조리할 경우 비늘과 점액을 제거하고 전면에 고루 소금을 뿌린다. 물기와 잡내를 한꺼번에 제거할 수 있다.

술로 씻는다

잠시 술에 담갔다 씻으면 민물고기 특유의 냄새가 사라진다. 껍질을 벗겨 소테saute를 만들 때 이 방법을 쓴다.

조림은 양념을 강하게 한다

생강처럼 향이 강한 재료를 많이 넣고 진하게 양념을 하면 비린내가 느껴지지 않는다.

생선구이는 껍질을 바싹 굽는다

비린내의 원인은 껍질에 있으므로 껍질을 바삭하고 고소하게 구워 비린내를 날린다.

포인트를 익혀 민물고기를 요리해보자
민물고기의 독특한 냄새는 손질과 조리를 어떻게 하느냐에 따라 확 줄어든다. 무엇보다 민물고기는 선도가 빨리 떨어지기 때문에 신선할 때 조리하는 것이 중요하다. 잡은 민물고기는 살아 있는 상태로 운반하여 바로 조리하도록 한다. 소금구이나 냉회처럼 조리 과정이 단순할 때는 신선도가 특히 중요하다. 신선할 때는 비린내가 별로 나지 않으므로 재료 고유의 맛을 살리는 조리법을 사용한다. 막 잡은 민물고기는 그 자리에서 소금구이를 해 먹으면 둘이 먹다 하나가 죽어도 모를 정도로 맛있다. 또 민물고기회는 간장보다는 초된장이나 매실초와 더 잘 어울린다. 다 먹지 못할 때는 된장구이나 단맛 나는 조림을 만든다. 이때 양념을 강하게 하여 비린내를 완화시키도록 한다. 함께 넣는 재료는 생강, 산초, 된장, 간장처럼 맛이 진하거나 향이 강한 것이 좋다.

훈제빙어

집에서도 손쉽게 만들 수 있는 훈제 요리.

훈제빙어

2인분
소요 시간 80분
※빙어 말리는 시간 불포함.
훈제한 빙어는 냉장실에서 5일, 냉동하면 3주간 보관 가능하다.

재료 빙어…30마리(250g), 메추리알(삶은 것)…6개
물…2컵(400ml), 마늘…3g, 셀러리…1줄기, 설탕…1큰술

TIP
싱싱한 빙어 고르는 법
빙어는 겨울이 제철이다. 몸통이 투명한 느낌이
드는 것을 고른다.

1. 빙어를 손질한다. p.247 참조 내장을 제거하고 물기를 꼼꼼하게 닦아 그릇에 담는다.

2. 냄비에 얇게 저민 마늘과 손으로 뚝뚝 자른 셀러리, 설탕, 소금을 넣어 양념 국물을 만든 뒤 센 불로 끓인다.
   양념이 끓어오르면 불을 끈다.

3. ②를 볼에 옮기고 볼째 얼음물을 넣은 넓은 볼에 넣어 식힌다.
   *숟가락을 대고 안쪽 볼을 돌리면 열기가 이동해 빨리 식는다.

4. 메추리알을 담은 그릇에 ③의 양념 국물을 메추리알이 잠길 만큼 붓고 20분 정도 재운다.

5. 양념 국물 일부를 ①의 빙어 그릇에 붓고 실온에 20분 정도 두어 양념이 배게 한다.

6. 빙어의 물기를 닦고 채반에 띄엄띄엄 방사형으로 올린다.
   *대가리를 높은 쪽, 꼬리를 낮은 쪽으로 놓으면 대가리의 물기가 배에 낸 칼집을 통해 빠진다.

ㄱ　1시간 정도 바람이 잘 통하는 곳에서 말린 뒤 뒤집어 다시 1시간 정도 말린다.
　　*완전히 말리지 않으면 연기가 잘 스며들지 않아 보관 기간이 짧아진다.

ㄴ　④의 메추리알은 키친타월로 물기를 닦고 채반에 놓아 말린다.

ㄷ　⑦의 빙어를 손으로 들었을 때 물기가 없고 몸통이 곧게 뻗어 있으면 적당하게 마른 것이다. *바싹 말리지 않도록 주의한다.

ㄹ　궁중팬에 알루미늄 포일을 깔고 훈연칩을 넣는다. *대신 짚이나 말린 차 찌꺼기를 사용해도 된다.

ㅁ　훈연칩 위에 설탕 2작은술(분량 외)을 넣고 석쇠를 올린다. *설탕을 넣으면 훈연이 끝났을 때 빙어에서 윤기가 난다.

ㅂ　⑨의 말린 빙어를 석쇠 위에 방사형으로 늘어놓는다. 이때 연기가 빠져나갈 수 있도록 적당히 간격을 벌려준다.
　　*석쇠는 열에 강한 것을 사용한다.

ㅅ　⑧의 메추리알을 석쇠의 빈 공간에 놓는다. *메추리알이 굴러다닐 수 있으므로 석쇠를 가스레인지와 평행하게 놓는다.

ㅇ　궁중팬과 같은 크기의 볼 안쪽에 알루미늄 포일을 딱 달라붙게 씌운다. 뚜껑처럼 궁중팬을 볼로 덮고 꼭 누른다.

ㅈ　15분 정도 훈연한다. 센 불로 가열하다가 뚜껑 틈에서 연기가 새어나오면 불을 약하게 줄인다.
　　불을 끈 뒤 5분 정도 그대로 둔다.

ㅊ　빙어와 메추리알이 갈색으로 변하고 윤기가 돌면 꺼낸다. *바로 뚜껑을 열면 연기를 들이마시게 되므로 주의한다.

ㅋ　그릇에 빙어와 메추리알을 담는다. *보관할 경우에는 완전히 식혀 밀폐용기에 담아 냉장고에 넣는다.

양면을 칼로 긁어 표면의 이물질을 제거한다.

항문에 칼을 넣고 배를 똑바로 잘라 벌린다.
*여러 번 자르면 모양이 망가지므로 한 번에 자르도록 한다.

칼끝으로 내장을 긁어낸다. *내장을 그대로 사용해도 되지만 조금 쓴맛이 난다.

볼에 얼음물을 넣고 빙어를 씻는다. 배 속을 씻을 때는 살이 상하지 않도록 이쑤시개 끝을 사용한다.

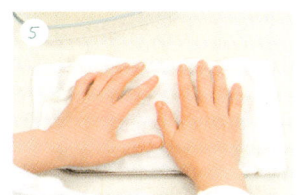

행주로 닦아 물기를 제거한다. 나머지 빙어도 같은 방법으로 손질한다.

Point

어떻게 말리느냐가 색깔을 좌우한다!
만드는 과정 ⑥번에서 빙어의 물기를 잘 닦아야 한다. 물기가 남아 있으면 훈연 도중 연기가 잘 스며들지 않아 색이 연하게 된다. 마른 정도는 들었을 때 살짝 뻣뻣한 느낌이 드는 정도를 기준으로 삼는다. 지나치게 말리면 완성됐을 때 딱딱하다.

몸통을 옆으로 기울여서 채반에 올려놓으면 물기가 잘 빠진다.

손으로 들었을 때 대가리에서 꼬리까지 처지는 곳 없이 쭉 뻗어 있으면 알맞게 마른 것이다.

Mistake

다닥다닥 붙여놓으면 연기가 닿지 못한다
빙어처럼 작은 생선은 다닥다닥 붙여놓기 쉽다. 훈연칩에서 나오는 연기가 지나갈 공간이 없으면 연기가 고루 닿지 못해 색깔이 진하게 나지 않는다. 틈을 0.3cm 정도 벌리면 충분하다.

생선이 겹치지 않도록 전체의 균형을 생각하며 올려놓는다.

가다랑어포의 종류

여러 종류의 가다랑어포를 각각의 요리에 맞춰 사용해보자.

하나가쓰오
'우스케즈리'라고도 불리며 깔끔한 국물을 우릴 때 사용한다. 요리에 직접 얹기도 하고 간장으로 무쳐 주먹밥 재료로도 사용한다.

아쓰케즈리
두께가 0.07cm 정도지만 2~3장만 넣어도 농후한 맛이 우러나온다. 우동이나 어묵 국물을 낼 때 사용한다.

게즈리코나
가루에 가까워 국물을 우린 뒤 건져내지 않아도 된다. 요리에 얹거나 섞어 먹는다.

막 대패로 밀어낸 가다랑어포가 가장 맛있다!
가다랑어포의 풍미를 가장 잘 느낄 수 있는 것은 대패에 막 밀어냈을 때다.

아라부시와 가레부시

가다랑어포는 만드는 법에 따라 '아라부시'와 '가레부시'로 나뉜다. 삶아서 말린 뒤 훈제한 것을 아라부시, 아라부시에 곰팡이를 피워 물기를 날린 것을 가레부시라고 한다.
가레부시를 대패로 민 것을 '가쓰오부시케즈리', 아라부시를 대패로 민 것을 '가쓰오케즈리'라 불러 구별한다. 곰팡이가 훈제할 때의 잡내와 가다랑어 특유의 비린내를 완화시켜주기 때문에 가레부시를 깎아 만든 가쓰오케즈리의 풍미가 더 순하고 깔끔하다.

부위에 따라 명칭이 다르다

가다랑어포는 원료가 되는 부위에 따라 가메부시, 오부시, 메부시의 세 종류로 나누어진다. 5장뜨기한 가다랑어의 등 쪽 살로 만든 것을 오부시, 배 쪽 살로 만든 것을 메부시라 부른다. 오부시는 담백하고 깔끔한 국물 맛이 나고 메부시는 기름기가 있어 진한 국물을 우릴 수 있다. 또 암수의 대응이기에 둘을 합쳐 '가다랑어 부부'라는 의미의 '가쓰오후후부시'라 부르며 행운의 상징물로 사용하기도 한다. 가메부시는 3장뜨기한 가다랑어를 사용한 것으로 그 모양이 거북(가메)의 등껍질과 비슷하다고 하여 붙여진 명칭이다.
가메부시를 만드는 것은 3kg 미만의 작은 가다랑어. 일반적으로 생선은 기름기가 오른 것이 맛있다고 하지만 가다랑어포용 가다랑어는 기름기가 많으면 좋지 않다. 기름기가 많은 가다랑어포로 국물을 내면 색과 맛이 모두 탁해지기 때문이다. 가다랑어포를 만들기에 가장 좋은 가다랑어는 봄과 여름 사이에 잡힌 것이다.

무지개송어 허브구이

생선살 한가득 올리브 향이 배어 있는 구이 요리.

무지개송어허브구이

2인분
소요 시간 40분

재료 무지개송어···2마리(300g), 박력분···적당량, 타임1줄기
로즈메리···1줄기, 버터···15g, 올리브유···2큰술
소금·후춧가루···적당량씩

푸타네스카소스 토마토···1개(200g), 블랙올리브···2개
안초비페이스트···½작은술, 케이퍼···1작은술, 홍고추···¼개
마늘···½쪽, 화이트와인···20ml, 올리브유···½큰술
소금·후춧가루···적당량씩, 조릿댓잎···1장

곁들이 스냅완두···4개, 타임···1줄기

싱싱한 무지개송어 고르는 법
무지개송어의 제철은 가을이다. 비늘이 촘촘하게
붙어 있고 표면에 점액이 있는 것을 고른다.

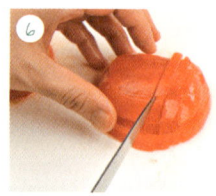

1. 블랙올리브는 짤주머니 깍지(지름 1cm의 둥근 모양) 안에 넣고 젓가락으로 눌러 씨를 빼낸다.
   *씨를 빼지 않고 사용해도 된다.

2. 블랙올리브는 0.3cm 두께로 둥글게 자른다.

3. 토마토 꼭지는 칼끝으로 주변에 칼집을 넣어 떼어낸다. *얼음물을 준비한다.

4. 팔팔 끓는 물에 토마토를 넣고 3~5초간 굴린 뒤 얼음물에 넣고 식힌다.

5. 완전히 식으면 물기를 닦고 껍질을 벗긴다. 둥근 모양이 되도록 가로로 반 잘라 안의 씨를 숟가락으로 긁어낸다.

6. 껍질 벗긴 토마토는 사방 0.5cm 크기로 깍둑썰기한다. 마늘은 다진다.

7 냄비에 올리브유, 다진 마늘, 홍고추를 넣고 약한 불로 가열한다. 냄비를 기울여 향이 날 때까지 지글지글 가열한다.

8 마늘 색이 노릇해지면 ②의 블랙올리브, 안초비페이스트, 케이퍼를 넣고 살짝 볶다가 화이트와인을 넣는다.

9 ⑥의 토마토를 넣고 가끔 저어주면서 약한 불로 3~4분 정도 끓인 뒤 소금, 후춧가루를 넣어 간을 맞추면 푸타네스카소스 완성.

10 무지개송어는 내장을 제거한 뒤 p.252 참조 입으로 물을 넣어 항문으로 흘려보내 배 속을 씻는다. 꼬리를 쥐고 거꾸로 들어 입으로 물기를 빼낸다.

11 넓은 그릇에 소금 2꼬집, 후춧가루 1꼬집을 뿌리고 무지개송어를 올린 뒤 30cm 위에서 같은 양의 소금과 후춧가루를 뿌린다.

12 무지개송어에 박력분을 묻힌 뒤 손으로 톡톡 쳐서 여분의 가루를 털어낸다.
*물기를 완전히 빼지 않고 밀가루를 묻히면 굽는 도중에 물기가 흘러나온다.

13 프라이팬에 버터와 올리브유를 두르고 센 불로 가열한다.
*버터의 거품이 보이지 않고 지글거리는 소리가 나지 않을 때까지 가열한다.

14 기름 색이 조금 짙어지면 완성된 무지개송어를 그릇에 담을 때 보이는 면이 아래로 향하게 하여 넣고 중간 불로 3분 정도 굽는다.

15 보이는 면이 노릇하게 구워졌으면 손으로 거들면서 뒤집개로 뒤집는다.

16 타임과 로즈메리는 잎을 찢어 흩뿌리고 줄기도 넣는다. 향이 날 때까지 굽는다.

17 국자로 기름을 떠서 무지개송어의 살이 두툼한 부분에 끼얹으며 3~4분 정도 굽는다.

18 마지막으로 다시 한 번 뒤집어 센 불로 바삭하게 구운 뒤 불을 끈다.
  *담을 때 보이는 쪽이 찐 것 같은 상태면 안 된다.

19 염도 1%의 끓는 물(분량 외)에 꼬투리 가장자리의 심을 제거한 스냅완두를 넣고 변색되지 않을 정도로 살짝 데친다.

20 행주에 올려 물기를 닦고 반으로 자른다.

21 그릇에 ⑨의 소스를 깔고 ⑱의 무지개송어를 뒤집개로 떠서 담은 뒤 ⑳의 스냅완두와 타임을 올려 장식한다.

무지개송어 손질법

흐르는 물에 비늘과 점액을 제거한다. *점액을 완전히 제거하지 않으면 입으로 내장을 빼낼 때 미끄러진다.

가슴지느러미, 등지느러미, 배지느러미를 주방가위로 자른다.

주방가위로 항문에서 배 쪽을 향해 1~2cm 정도 진집을 낸 뒤 항문과 장의 연결 부분을 떠서 자른다.

입으로 나무젓가락 한 짝을 넣고 아가미 한 쪽을 바느질하듯 꿰어 통과시킨다. 나머지 한 짝도 같은 방법으로 반대편 아가미 통과시킨 뒤 배 속에서 젓가락 두 짝을 교차시킨다.

나무젓가락으로 내장을 꼭 쥔다. 아가미 턱이 빠지지 않도록 다른 손으로 잡고 젓가락을 돌려가면서 아가미와 내장을 잡아당겨 빼낸다.

미꾸라지조림

술에 절여 뼛속까지 부드러운 조림 요리.

253

미꾸라지조림

2인분
소요 시간 50분

재료 미꾸라지(산 것)…200g, 대파(흰 부분)…1줄기
술…100ml, 맛국물…1컵(200ml), 고이구치 간장…3큰술
미림…2큰술, 설탕…1큰술, 산초가루…적당량

싱싱한 미꾸라지 고르는 법
미꾸라지는 여름 산란기를 대비하여 살이
오르고 기름기가 붙는 초여름이 제철이다.
길이 10cm 정도의 살아 있는 것을 고른다.

1. 미꾸라지는 살아 있는 상태로 손질한 뒤p.256 참조 2~3회 정도 물로 씻어 물기를 빼낸다.

2. 깊이가 있는 냄비에 술을 붓는다. *냄비 뚜껑을 옆에 준비한다.

3. 불을 켜지 않은 상태에서 미꾸라지를 넣고 바로 뚜껑을 덮는다. *술에 들어가는 순간 거칠게 날뛰므로 재빨리 움직여야 한다.

4. 잠잠해질 때까지 그대로 잠시 둔다. *술이 퍼지면 부드러워지고 비린내가 제거되며 모양도 곧아진다.

5. 움직임이 없어지는 순간부터 30분 정도 재운다. *술에 재우지 않고 익히면 미꾸라지의 비린내가 가시지 않고 뼈도 연해지지 않는다.

6. 대파는 0.2cm 폭으로 어슷하게 썬다.

7. ⑥의 대파를 5~6분 정도 물에 담가 매운맛을 빼서 아삭하게 만든다.

8. 대파를 채반에 펼쳐 물기를 완전히 빼낸다. *끓일 때 물기가 많으면 국물 맛이 연해지므로 물기를 완전히 빼낸다.

9. ⑤의 냄비 뚜껑을 열고 미꾸라지가 움직이지 않고 쭉 뻗어 있는지 확인한다.

<u>10</u> 쭉 뻗어 있고 잠잠하면 맛국물을 넣는다.

<u>11</u> 미림과 설탕을 넣는다.

<u>12</u> 고이구치 간장을 둘러 넣고 뚜껑을 덮어 센 불로 끓이다가 팔팔 끓어오르면 약한 불로 줄인다.

<u>13</u> 약한 불에서 끓고 있는 상태를 유지한다.

<u>14</u> 냄비 표면에 거품이 떠오르면 건진다.
*냄비를 기울여 국자로 건진 뒤 국자 위에서 입으로 바람을 불어 거품만 떨어뜨리고 남은 국물은 다시 냄비에 붓는다.

<u>15</u> 거품을 다 건진 뒤 국물이 잘 배도록 약한 불에서 5분 정도 끓인다.

<u>16</u> ⑧의 대파 ½분량을 넣고 나긋해지도록 1~2분 정도 끓인 뒤 불을 끈다.

<u>17</u> 그릇에 미꾸라지조림을 담고 나머지 대파를 얹은 뒤 산초가루를 뿌린다.
*특유의 냄새가 신경 쓰이면 시치미(일곱 가지 향신료를 빻아서 섞은 양념)나 생강을 흩뿌린다.

미꾸라지 손질법

살아 있는 상태로 볼에 넣고 흐르는 물로 씻은 뒤 볼에 물이 가득해지면 채반에 건진다. 이 작업을 2~3회 반복하여 흙냄새와 이물질을 제거한다.

미꾸라지를 채반에 받쳐 물기를 빼낸다.
*뼈를 제거할 경우에는 같은 방법으로 씻은 뒤 살아 있는 상태에서 3장뜨기한다. 죽으면 비린내가 난다.

Point

미꾸라지는 냉장고에 보관한다

살아 있는 미꾸라지는 조리할 때까지 물에 담근 상태로 냉장고에 넣어 개흙을 토하게 한다. 깊이가 있는 그릇에 랩을 여유 있게 씌운 뒤 구멍을 뚫어 넣어둔다.

미꾸라지가 튀어오를 수 있으므로 깊이가 있는 그릇에 넣고 랩을 씌워 헤엄치도록 한다.

술에 완전히 절여진 뒤 불을 켠다

미꾸라지가 술에 완전히 절여져 움직이지 않으면 불을 켠다.
불을 켠 뒤에 미꾸라지를 넣으면 술이 제대로 스며들지 않아 뼈가 연해지지 않는다. 또 몸이 쭉 뻗지 않고 휘어져 모양이 보기에 좋지 않다.

술에 담그면 움직임이 서서히 둔해지다 잠잠해진다. 특유의 흙냄새도 제거된다.

미꾸라지 몸통이 휘지 않고 쭉 뻗은 상태가 되어 보기 좋은 요리를 만들 수 있다.

거품은 한곳에 모아 단번에 건진다

끓는 동안 거품이 생기기 시작하면 국물 양이 줄지 않도록 신경 쓰면서 건진다. 냄비를 기울여 거품을 모은 뒤 거품만 건지도록 한다. 미꾸라지가 국물에 잠기지 않으면 뼛속까지 부드러워지지 않는다.

국자로 거품을 한곳으로 몰아 단번에 건진다.

맛있는 민물고기

민물고기는 대부분 맛이 담백해서 기름과 잘 어우러진다.

산천어
일생을 강에서 보내는 물고기로 파 마크parr mark라 불리는 타원형 무 늬가 특징이다. 살이 하얗고 부드러 워 간단하게 소금구이를 해 먹으면 맛있다.

은어
수질이 좋은 강에서 물이끼를 먹고 자란 은어는 살에 서 은은한 수박 향이 난다. 소금구이하여 여뀌초*와 함께 먹으면 은어 향을 진하게 느낄 수 있다.
*여뀌초: 여뀌를 식초와 섞어 만든 조미 식초.

무지개송어
크기는 일반적으로 20~30cm 정 도이며 맛은 담백하다. 1년 내내 구 할 수 있지만 제철은 가을이다.

곤들매기
봄에서 여름이 제철이며 맛이 담백하고 살이 부드럽다.

미꾸라지
생김새가 장어처럼 가늘고 길며 시 장에서는 주로 크기가 10cm 전후의 것을 구매할 수 있다. 추어탕으로 많 이 만들어 먹는다.

Chapter 8

생선알과 이리

생선알 손질법

이리 손질

주방가위로 핏줄과 힘줄을 자른다. *모양이 풀어지지 않도록 주의한다.

노랗게 변한 부분이 있으면 변색된 부분만 자른다. 이리가 크면 적당하게 자른다.

물을 담은 볼에 넣고 살살 흔들어 이물질을 씻는다.

염도 2%의 물(분량 외)에 이리를 2~3시간 정도 담가 특유의 냄새를 제거한다. *다시마물 1l(분량 외)를 준비한다.

④의 이리를 찬물에 흔들어 씻어 소금기를 빼낸다. 싱싱한 이리를 이렇게 손질하면 익히지 않고 먹어도 된다.

다시마물에 술을 소량 넣고 60℃로 가열한 뒤 불을 끄고 이리를 넣는다. *60℃보다 온도가 높으면 이리가 질겨진다.

이리를 넣으면 물 온도가 40℃ 정도로 낮아지므로 그대로 1~2분 정도 두어 서서히 익힌다.

이리를 꼬챙이로 찔렀을 때 흰 즙이 나오지 않으면 볼로 옮긴다. 국물은 체에 걸러 함께 넣는다.

얼음물을 넣은 볼에 ⑧의 볼을 그대로 넣어 식힌다. 식은 상태인 ⑧의 볼을 냉장고에 넣어 2~3시간 정도 둔다. *이대로 2~3일 정도 보관 가능하다.

채반에 쏟아 국물을 버리고 넓게 펼쳐 이리의 물기를 빼낸다.

이리가 거뭇거뭇해졌다!
손질한 이리를 다시마물에 넣어 익힐 때 온도가 높았기 때문이다. 60℃의 물에 1~2분 정도 담가 서서히 익혀야 한다. 이때는 술을 넣어 비린내를 제거한다.

물 온도가 너무 높거나 오래 익히면 색이 변하고 질겨진다.

대구알간장조림

2인분
소요 시간 40분

<u>재료</u> 대구알…2덩어리(125g), 생강…1조각, 맛국물…1컵(200ml)
술…3큰술, 우스구치 간장…3큰술, 설탕…3큰술

<u>곁들이</u> 경수채…2묶음

싱싱한 대구알 고르는 법
모양이 가지런하고 탄력 있는 것을 고른다.

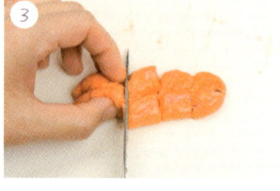

1. 대구알은 옆 페이지를 참조하여 손질한다. 알주머니 연결 부분을 잘라 둘로 나누고 검은 실핏줄은 제거한다.
   *실핏줄은 살살 당겨 자른다.

2. 알을 지그시 누르면서 절반 깊이까지 칼집을 넣는다.
   *익었을 때 예쁘게 벌어지도록 칼집을 넣는다.

3. 알을 옆으로 길게 놓고 알이 흩어지지 않도록 두 손가락으로 집은 채 눌러가며 1cm 폭으로 자른다.

4. 생강은 얇게 썰어 섬유질 방향으로 가늘게 채 썬 뒤 물에 담가 아린 맛을 제거한다.

5. 냄비에 물을 끓인 뒤 불을 끄고 ③의 알을 넣는다.
   *팔팔 끓는 상태에서 알을 넣으면 모양이 풀어진다.

6. 알이 뭉쳐져 꽃 모양이 되면 얼음물에 담근다.

7   알이 식으면 채반에 밭쳐 물기를 빼낸다.

8   냄비에 맛국물, 술, 설탕을 넣고 센 불로 끓인다.

9   약한 불로 줄인 뒤 ⑦의 알을 넣고 끓인다.

10   ④의 생강은 물기를 빼서 ⑨의 냄비에 넣는다.

11   거품이 생기면 국자로 건져 볼 위에서 입으로 바람을 불어 거품만 떨어뜨리고 국물은 다시 냄비에 붓는다.

12   거품을 다 건진 뒤 우스구치 간장을 넣어 풍미를 더한다.

13   젓가락으로 조심스럽게 위아래를 뒤집고 약한 불로 5~6분 정도 끓인다. 간을 봐서 싱거우면 알을 건져내고 국물을 졸인다.

14   경수채는 염도 1%의 끓는 물(분량 외)에 줄기부터 넣고 10초 정도 데친다.

15   데친 경수채를 채반에 담고 부채질로 식힌 뒤 잔열이 가시면 물기를 짜서 3cm 길이로 자른다.

16   그릇에 ⑬의 알을 담고 국물을 끼얹은 뒤 경수채를 곁들인다.

대구알 손질법

알주머니의 연결 부분을 잘라 2개로 나누고 표면의 시커먼 실핏줄을 살살 잡아당겨 제거한다.

손질한 알은 염도 2%의 물(분량 외)에 1시간 정도 담가 비릿한 냄새를 제거한다.

행주로 물기를 살살 닦는다.

연어알간장절임

2인분
소요 시간 30분
※연어알 절이는 시간 불포함.

주재료 생연어알…1덩어리(150g), 소금…조금

양념 다시마(5×10cm)…1장, 술…110ml
미림…2큰술, 고이구치 간장…50ml

곁들이 산초나무순…적당량

TIP
싱싱한 연어알 고르는 법
연어알은 가을에서 겨울 사이에
구할 수 있다. 알이 큰 것을 고른다.

1. 볼 위에 석쇠를 올리고 연어알을 감싸고 있는 막을 찢어 석쇠의 격자 구멍 사이로 한 알 한 알 떨어뜨린다.
   *손으로 알을 떼어낼 때는 옆페이지 참조.

2. 알주머니만 남을 때까지 모두 떼어낸다.
   *석쇠는 격자 간격이 1cm 정도인 것이 좋다.

3. 염도 3%의 물(분량 외)을 연어알이 잠길 정도로 붓는다.
   연어알은 소금물에 오래 담가놓으면 하얗게 굳어버리므로 빠르게 작업해야 한다.

4. 손으로 전체를 휘휘 섞는다. 얇고 투명한 막이 떠오르면 소금물과 함께 버린다.

5. 소금물을 갈고 같은 방법으로 3~4회 씻어 막을 제거한다. *막은 먹을 수 있으므로 조금 남아 있어도 상관없다.

6. 연어알은 체에 밭쳐 물기를 빼낸다.

7. 소금을 뿌리고 섞는다. 알이 터지지 않도록 힘을 빼고 손으로 감싸듯이 떠서 섞는다.

8. 소금기가 전체에 고루 스며들도록 섞는다. 간을 봐서 조금 짜게 느껴지면 적당한 상태다. 싱거우면 소금을 더 넣는다.

9   냄비에 술을 넣고 중간 불에 올려 끓어오르면 그릇에 옮기고 실온에서 식혀 니키리자케를 만든다.
    미림도 같은 방법으로 니키리미림을 만든다.

10 그릇에 ⑨와 다시마, 고이구치 간장을 넣고 잘 어우러지도록 손으로 저어 섞는다.

11 다시마가 불면 양념에 ⑧의 연어알이 푹 잠기도록 넣는다.

12 뚜껑을 덮고 서늘한 장소에 3시간 정도 두어 간이 배도록 한다.

13 연어알 색이 진한 붉은색이 되면 체에 밭쳐 물기를 빼낸다. *냉동 보관할 경우 물기를 완전히 빼지 않으면 짜진다.

14 그릇에 연어알을 담고 산초나무순으로 장식한다.

15 냉장 보관할 경우 밀폐용기에 다시마와 함께 넣어두면 일주일 정도 먹을 수 있다.
    냉동할 경우에는 물기를 빼서 보관하고 먹을 때 해동한다.

Point

**손으로 알알이 떼어낼 때는
물 온도에 주의한다**

연어알을 손으로 떼어낼 때는
40℃의 따뜻한 물에 넣고
재빨리 손으로 섞는다. 물 온도
가 40℃보다 낮으면 풀리지
않고 높으면 열기 때문에 색깔
이 허옇게 된다. 한 알씩 떨어
지면 염도 3%의 물(분량 외)을
갈아가면서 3~4회 씻는다.

소금물을 여러 번 바
꿔 얇은 막을 제거한
다. 재빨리 작업하지
않으면 껍질이 딱딱
해진다.

사진의 오른쪽은 온
도가 높은 물에서 씻
은 것. 색깔이 조금
옅어졌다.

색다른
연어알 요리

연어알소금절임

연어알을 한 알씩 떼서 씻고 물기를
뺀 뒤 소금 ⅓작은술을 뿌리고 손으로
가볍게 섞어 냉장고에 3시간 정도 두면
완성된다. 영귤 껍질을 올려 장식한다.

청어알간장절임

2인분
소요 시간 30분
※청어알 절이는 시간 불포함.

재료 청어알…4덩어리, 가다랑어포…8g

양념 술…80ml, 맛국물…2컵(400ml), 고이구치 간장…5큰술
미림…50ml

싱싱한 청어알 고르는 법
소금에 절인 것, 크고 형태가 흐트러지지 않은 것을 고른다.

생선알과 이리 • 청어알간장절임

1 냄비에 술을 붓고 중간 불에서 끓여 알코올을 날린다. 냄비를 기울여도 불이 붙지 않으면 알코올이 다 날아간 것이다.

2 ①을 볼에 붓고 이 볼을 얼음물이 담긴 다른 볼 안에 넣어 식혀 니키리자케를 만든다.

3 청어알은 옆 페이지를 참조하여 소금기를 뺀 뒤 물을 여러 번 갈아가며 씻고 물기를 빼낸다.

4 볼에 알을 넣고 ②의 니키리자케 ½분량을 부어 씻는다. *알을 니키리자케로 씻으면 비린내가 가시고 술 향이 스며들어 풍미가 좋아진다.

5 국물 팩에 가다랑어포를 넣는다. *국물 팩이 없을 때는 진한게 우린 맛국물을 준비한다.

6 볼에 나머지 니키리자케, 맛국물, 간장, 미림을 넣고 섞는다.

7   양념이 담긴 볼에 ④의 알과 ⑤의 국물 팩을 넣는다. *국물 팩은 반드시 양념 국물에 푹 잠기도록 한다.

8   볼에 랩을 씌워 냉장고에 넣고 하룻밤 재운다.

9   알이 갈색을 띠고 맛이 들었으면 완성된 것이다. 먹기 직전에 꺼낸다.

10   청어알은 먹기 좋게 결대로 2~3cm 크기로 자른다.

청어알 손질법

볼에 물을 가득 담고 소금(분량 외)을 넣어 염도 1%의 소금물을 만든다. *염분이 있으면 소금기가 더 잘 빠진다.

소금물에 청어알을 담그고 몇 시간 간격으로 소금물을 갈아가며 하룻밤 재운다. *갈아주는 소금물은 소금의 양을 조금씩 줄여 염도를 낮춘다.

청어알을 감싸고 있는 하얗고 얇은 막을 벗겨내듯이 잡아당겨 제거한다. *알이 흩어지지 않도록 조심스럽게 벗긴다.

색다른
청어리요리

청어알오징어절임

재료(2인분) 청어알간장절임…100g, 다시마(사방 8cm)…1장, 마른오징어…25g, 당근…¼개(40g), 홍고추…1개
니키리미림…3큰술, 술…3큰술, 고이구치 간장…2큰술, 설탕…1작은술

1 다시마는 물에 담가 불린다.
2 마른오징어는 물에 담가 씹기 좋게 불린다.
3 다시마, 오징어, 당근은 얇게 자른다. *오징어의 딱딱한 부분은 주방가위로 자른다.
4 냄비에 니키리미림, 술, 간장, 설탕, 씨 뺀 홍고추를 넣고 끓인다.
5 양념이 끓어오르면 당근을 넣고 양념이 묻도록 뒤섞은 뒤 불을 끈다.
6 볼에 ⑤를 국물까지 옮긴 뒤 ③의 오징어와 다시마를 섞고 냉장고에 넣어 반나절 재운다.
7 ⑥에 먹기 좋게 썬 청어알간장절임을 섞는다.

당근은 살짝 익은 상태에서 뜨거운 양념에 담가두면
부드러워진다.

톡 쏘는 매콤함이 매력적인 청어알오징어절임은 술안
주로 딱이다.

266

대구이리폰즈소스

2인분
소요 시간 20분
※이리 손질 시간, 폰즈소스 만드는 시간, 다시마 불리는 시간 불포함.

재료 대구 이리…200g, 다시마(5×10cm)…1장, 물…1ℓ. 술…1큰술

폰즈소스 가다랑어포…3g, 맛국물…1큰술, 고이구치 간장…1큰술
영귤즙…1큰술

곁들이 무(5cm)…1토막, 홍고추…3개, 청차조기잎…2장
영귤(빗 모양으로 썬 것)…적당량, 쪽파(송송 썬 것)…적당량
래디시(둥글게 썬 것)…적당량

싱싱한 이리 고르는 법
형태가 또렷하고 붉은빛이
도는 것을 고른다.

1 이리를 손질한다.p.259 참조

2 폰즈소스 재료를 섞어 1시간 이상 냉장고에 넣었다가 키친타월에 내려 가다랑어포를 걸러낸다.

3 다시마는 물에 담그고 1시간 정도 우려 다시마물을 만든다.

4 냄비에 다시마물과 불린 다시마, 술을 넣은 뒤 약한 불에 올린다.
   끓어오르기 직전(약 80℃)까지 가열하여 냄비 바닥에 작은 기포가 생기면 다시마를 꺼내고 불을 끈다.

5 ④에 ①의 이리를 넣고 잔열로 속까지 익힌 뒤 채반에 올려 식힌다.

6 무 껍질을 벗기고 젓가락으로 3군데에 구멍을 낸다. 씨를 빼고 물에 불린 홍고추를 무의 구멍에 끼운다.

7 홍고추가 부드러워지면 무째 강판에 간다.

8 그릇에 청차조기잎을 깔고 ⑤의 이리, ⑦, 영귤, 쪽파, 래디시를 담는다.
   다른 그릇에 ②의 폰즈소스를 담아 함께 낸다.

친절한 해산물 요리 교실

1판 1쇄 인쇄 2013년 12월 16일
1판 1쇄 발행 2013년 12월 23일

지은이 가와카미 후미요
옮긴이 박정애

발행인 양원석
총편집인 이헌상
편집장 김옥현
감수 김정은

디자인 엘리펀트
교정·교열 염현정
해외저작권 황지현, 지소연
제작 문태일, 김수진
영업·마케팅 김경만, 정재만, 곽희은, 임충진, 김민수, 장현기
　　　　　　송기현, 우지연, 임우열, 정미진, 윤선미, 이선미, 최경민

펴낸 곳 (주)알에이치코리아
주소 서울시 금천구 가산동 345-90 한라시그마밸리 20층
편집문의 02-6443-8860
구입문의 02-6443-8838
홈페이지 www.rhk.co.kr
등록 2004년 1월 15일 제2-3726호

ISBN 978-89-255-5184-5 13590

RHK 는 랜덤하우스코리아의 새 이름입니다.